U0262555

"十三五"国家重点出版物出版规划项目

中国工程院重大咨询项目　中国生态文明建设重大战略研究丛书(III)

第 三 卷

京津冀环境综合治理若干重要举措研究

中国工程院"京津冀环境综合治理若干重要举措研究"课题组

郝吉明　曲久辉　杨志峰　许嘉钰　主编

科学出版社

北　京

内 容 简 介

本书是中国工程院重大咨询项目"生态文明建设若干战略问题研究(三期)"成果系列丛书的第三卷。京津冀环境综合治理若干重要举措研究主要涉及大气污染、水污染、固体废弃物污染和生态环境破坏等方面的环境综合治理措施研究。按照环境综合治理措施综合效益大小将五类环境综合治理措施进行优先序排序,依次为产业结构调整、能源结构调整、交通运输结构调整、土地利用结构调整和农业农村绿色转型。书中提出的评价方法和结果可为京津冀实施多重污染介质的综合治理措施的选取提供科学依据。

本书适合政府管理人员、政策咨询研究人员,以及广大科研从业者和关心我国生态文明建设的人士阅读,也适合各类图书馆收藏。

图书在版编目(CIP)数据

京津冀环境综合治理若干重要举措研究/郝吉明等主编. —北京:科学出版社,2020.3

[中国生态文明建设重大战略研究丛书(III)/赵宪庚,刘旭主编]

"十三五"国家重点出版物出版规划项目 中国工程院重大咨询项目

ISBN 978-7-03-063652-2

Ⅰ.①京… Ⅱ.①郝… Ⅲ.①区域环境–环境保护战略–研究–华北地区 Ⅳ.①X321.22

中国版本图书馆 CIP 数据核字(2019)第 273037 号

责任编辑:马 俊 李 迪/责任校对:严 娜
责任印制:肖 兴/封面设计:北京铭轩堂广告设计有限公司

科 学 出 版 社 出版
北京东黄城根北街 16 号
邮政编码: 100717
http://www.sciencep.com
中国科学院印刷厂 印刷
科学出版社发行 各地新华书店经销
*
2020 年 3 月第 一 版 开本:787×1092 1/16
2020 年 3 月第一次印刷 印张: 12
字数: 290 000
定价: 128.00 元
(如有印装质量问题,我社负责调换)

丛书顾问及编写委员会

顾　问

徐匡迪　钱正英　解振华　周　济　沈国舫　谢克昌

主　编

赵宪庚　刘　旭

副主编

郝吉明　杜祥琬　陈　勇　孙九林　吴丰昌

丛书编委会成员

（以姓氏笔画为序）

丁一汇　丁德文　王　浩　王元晶　尤　政　尹伟伦

曲久辉　刘　旭　刘鸿亮　江　亿　孙九林　杜祥琬

李　阳　李金惠　杨志峰　吴丰昌　张林波　陈　勇

周　源　赵宪庚　郝吉明　段　宁　侯立安　钱　易

徐祥德　高清竹　唐孝炎　唐海英　董锁成　傅志寰

舒俭民　温宗国　雷廷宙　魏复盛

"京津冀环境综合治理若干重要问题举措研究"课题组成员名单

组　长　　郝吉明　　清华大学环境学院，院士
副组长　　曲久辉　　清华大学环境学院，院士
　　　　　杨志峰　　北京师范大学环境学院，院士
　　　　　王金南　　生态环境部环境规划院，院士

专题研究组及主要成员

1. 京津冀大气污染防控技术途径与环境治理制度创新研究专题组

　　　　　郝吉明　　清华大学环境学院，院士
　　　　　王金南　　生态环境部环境规划院，院士
　　　　　许嘉钰　　清华大学环境学院，副教授
　　　　　蒋洪强　　生态环境部环境规划院，研究员
　　　　　吴　剑　　清华大学环境学院，博士后
　　　　　张　伟　　生态环境部环境规划院，副研究员
　　　　　刘年磊　　生态环境部环境规划院，副研究员
　　　　　卢亚灵　　生态环境部环境规划院，副研究员
　　　　　吴文俊　　生态环境部环境规划院，副研究员
　　　　　张　静　　生态环境部环境规划院，副研究员
　　　　　胡　溪　　生态环境部环境规划院，副研究员
　　　　　高宇华　　清华大学环境学院，教育职员

2. 京津冀区域水资源水环境保障与生态功能变化及调控研究专题组

　　　　　曲久辉　　清华大学环境学院，院士
　　　　　欧阳志云　中国科学院生态环境研究中心，研究员

胡承志　　中国科学院生态环境研究中心，研究员
齐维晓　　清华大学环境学院，副教授
郑　华　　中国科学院生态环境研究中心，研究员
单保庆　　中国科学院生态环境研究中心，研究员
赵　勇　　中国水利水电科学研究院，教授级高级工程师
曹晓峰　　清华大学环境学院，博士后
陈　禹　　中国科学院生态环境研究中心，博士研究生

3. 京津冀城乡生态环境保护与一体化调控研究专题组

杨志峰　　北京师范大学环境学院，院士
白由路　　中国农业科学院农业资源与农业区划研究所，研究员
刘耕源　　北京师范大学环境学院，副教授
张　妍　　北京师范大学环境学院，教授
徐琳瑜　　北京师范大学环境学院，教授
张力小　　北京师范大学环境学院，教授
苏美蓉　　东莞理工学院，教授
郝　岩　　北京师范大学环境学院，讲师
田　欣　　北京师范大学环境学院，副教授
孟凡鑫　　东莞理工学院，博士后
李　慧　　北京师范大学环境学院，博士研究生
高　岩　　北京师范大学环境学院，硕士研究生
薛婧妍　　北京师范大学，博士研究生

报告编制组

许嘉钰　蒋洪强　胡承志　刘耕源

吴　剑　张　伟　刘年磊　郑　华

丛 书 总 序

2017 年中国工程院启动了"生态文明建设若干战略问题研究（三期）"重大咨询项目，项目由徐匡迪、钱正英、解振华、周济、沈国舫、谢克昌为项目顾问，赵宪庚、刘旭任组长，郝吉明任常务副组长，陈勇、孙久林、吴丰昌任副组长，共邀请了 20 余位院士、100 余位专家参加了研究。项目围绕东部典型地区生态文明发展战略、京津冀协调发展战略、中部崛起战略和西部生态安全屏障建设的战略需求，分别面向"两山"理论实践、发展中保护、环境综合整治及生态安全等区域关键问题开展战略研究并提出对策建议。

项目设置了生态文明建设理论研究专题，对生态文明的概念、理论、实施途径、建设方案等方面开展了深入的探索。提出了我国生态文明建设的政策建议：一是从大转型视角深刻认识生态文明建设的角色与地位；二是以习近平生态文明思想来统领生态文明理论建设的中国方案；三是发挥生态文明在中国特色社会主义建设中的引领作用；四是以绿色发展系统推动生态文明全方位转变；五是发挥文化建设促进作用，形成绿色消费和生态文明建设的协同机制；六是有序推进中国生态文明建设与联合国 2030 年可持续发展议程的衔接。

项目完善了国家生态文明发展水平指标体系，对 2017 年生态文明发展状况进行了评价。结果表明，我国 2017 年生态文明指数为 69.96 分，总体接近良好水平；在全国 325 个地级及以上行政区域中，属于 A，B，C，D 等级的城市个数占比分别为 0.62%，54.46%，42.46%和 2.46%。与 2015 年相比，我国生态文明指数得分提高了 2.98 分，生态文明指数提升的城市共 235 个。生态文明指数得分提高的主要原因是环境质量改善与产业效率提升，水污染物与大气污染物排放强度、空气质量和地表水环境质量是得分提升最快的指标。

在此基础上，项目构建了福建县域生态资源资产核算指标体系，基于各项生态系统服务特点，以市场定价法、替代市场法、模拟市场法和能值转化法核算价值量，对福建省县域生态资源资产进行核算与动态变化分析。建议福建省以生态资源资产业务化应用为核心，坚持大胆改革、实践优先、科技创新、统一推进的原则，持续深入推进生态资源资产核算理论探索和实践应用，形成支撑生态产品价值实现的机制体制，率先将福建省建设成为生态产品价值实现的先行区和绿色发展绩效的发展评价导向区。

项目从京津冀能源利用与大气污染、水资源与水环境、城乡生态环境保护一体化、生态功能变化与调控、环境治理体制与制度创新等五个主要方面科学分析了京津冀区域环境综合治理措施，并按照环境综合治理措施综合效益大小将五类环境综合治理措施进行优先排序，依次为产业结构调整、能源结构调整、交通运输结构调整、土地利用结构调整和农业农村绿色转型。

项目深入分析我国中部地区典型省、市、县域生态文明建设的典型做法和模式，提出典型省、市、县和中部地区乃至全国同类区域生态文明建设及发展的创新体制机制的政策建议：一是提高认识，深入贯彻"在发展中保护、在保护中发展"的核心思想；二是大力推广生态文明建设特色模式，切实把握实施重点；三是统筹推进区域互动协调发展与城乡融合发展；四是优化国土空间开发格局，深入推进生态文明建设；五是创新生态资产核算机制，完善生态补偿模式。

项目选取黄土高原生态脆弱贫困区、羌塘高原高寒脆弱牧区及三江源生态屏障区作为研究区域，提出了羌塘高原生态补偿及野生动物保护与牧民利益保障等战略建议和相关措施；提出了三江源区生态资源资产核算、生态补偿，以及国家公园一体化建设模式；提出了我国西部生态脆弱贫困区生态文明建设的战略目标、基本原则、时间表与路线图、战略任务及政策建议。

本套丛书汇集了"生态文明建设若干战略问题研究（三期）"项目的综合卷、4个课题分卷和生态文明建设理论研究卷，分项目综合报告、课题报告和专题报告三个层次，提供相关领域的研究背景、内容和主要论点。综合卷包括综合报告和相关课题论述，每个课题分卷包括综合报告及其专题报告，项目综合报告主要凝聚和总结各课题和专题的主要研究成果、观点和论点，各专题的具体研究方法与成果在各课题分卷中呈现。丛书是项目研究成果的综合集成，是众多院士和多部门、多学科专家教授和工程技术人员及政府管理者辛勤劳动和共同努力的成果，在此向他们表示衷心的感谢，特别感谢项目顾问组的指导。

生态文明建设是关系中华民族永续发展的根本大计。我国生态文明建设突出短板依然存在，环境质量、产业效率、城乡协调等主要生态文明指标与发达国家相比还有较大差距。项目组将继续长期、稳定和深入跟踪我国生态文明建设最新进展。由于各种原因，丛书难免还有疏漏与不妥之处，请读者批评指正。

中国工程院"生态文明建设若干战略问题研究（三期）"

项目研究组

2019 年 11 月

前　　言

京津冀协同发展成为国家重大战略决策，对进一步优化区域经济结构和空间结构，最大限度提升区域环境承载力意义重大。党的十八大以来，京津冀区域环境治理力度明显加大，环境状况得到改善。但总体上看，京津冀区域发展中累积的资源环境约束问题仍很突出，生态环境保护任重道远，尚需要加强京津冀区域生态环境协同治理，拓展生态空间，扩大环境容量，推动京津冀区域经济一体化的深度发展。

京津冀区域的生态环境问题具体表现为十分突出的多介质复合型环境污染，是全国生态环境质量最差的区域之一。PM$_{2.5}$污染不仅是当地人民群众的"心肺之患"，也影响了我国国际形象。同时，京津冀区域极度缺水，水污染严重削弱了水体的服务功能，水质安全问题正在构成当地人民群众的"心腹之患"。此外，生态功能退化和水土流失严重。京津冀区域是中国重化工业最集中的地区。京津冀区域集中了全世界最多的矿山企业和钢铁企业，全国最多的水泥厂、玻璃厂、发电厂、制药厂等。大量生产，大量消耗，带来大量排放。长期以来，京津冀区域产生大量工业固体废弃物，种类多、存量大、面积广、污染重。京津冀区域工业固体废物总存量保守估算超过 50 亿 t。但是，京津冀区域环境污染治理成效不高，其主要原因是缺乏综合治理，一是区域社会经济发展与生态环境不相适应，产业结构不够合理，城乡布局与产业发展没有考虑区域环境的承载能力，缺乏整体统筹规划和实施；二是区域内现有行政区之间协调不力，缺乏从区域整体来系统设计和组织环境污染防治工作，环保标准、污染治理水平、环保执法力度存在明显差异；三是区域环境综合治理的科技支撑不强，现有的环境治理工程大多针对单一环境介质和单一污染要素，采用线性思维和分割治理模式，缺乏区域内围绕整体环境质量目标、多介质立体联防联控。因此，需要从综合治理角度，在综合分析京津冀区域生态环境问题和明确生态环境质量目标的基础上，跨行政区划、跨行业、跨介质地综合规划和设计污染治理、质量改善、生态保护等技术途径，以及产业结构调整、区域一体化监测、智慧管理等措施，协同组织实施，最终全面提高京津冀生态环境治理成效，实现京津冀区域生态环境全面改善的预期目标。

本书科学分析了京津冀区域环境综合治理措施，从京津冀能源利用与大气污染、水资源与水环境、城乡生态环境保护一体化、生态功能变化与调控、环境治理体制与制度创新等五个主要方面探寻京津冀的环境综合治理的重要举措。书中按照环境综合治理措施综合效益大小将五类环境综合治理措施进行优先序排序，依次为产业结构调整、能源结构调整、交通运输结构调整、土地利用结构调整和农业农村绿色转型。书中提出的评价方法和结果可为京津冀实施多重污染介质的综合治理措施的选取提供科学依据。

本书是集体智慧的结晶。在"京津冀环境综合治理若干重要举措研究"课题的研究过程中，始终得到中国工程院、国家生态环境部、清华大学、中国科学院生态环境研究中心、北京师范大学、环境保护部环境规划院、中国环境科学研究院、中国水利水电科学研究院、中国石油化工股份有限公司、中国石化经济技术研究院等单位领导和专家的大力支持和协助，在此一并致谢！由于本课题的研究时间较短，研究任务较重，研究内容上很难做到完全充分，敬请读者批评指正！

作　者

2019 年 8 月

目　　录

专 题 研 究

课题综合报告

第一章 概   况

京津冀区域是我国北方重化工业集聚的区域，也是污染排放最大的区域。一是工业比重大，天津、河北第二产业比重分别占到 52.7%和 50.6%。二是工业结构偏重，钢铁、煤炭、石油化工、焦化、制碱、平板玻璃占第二产业主导地位。京津冀区域粗钢产能占全国总产能的 22%，焦化占 12%，平板玻璃占 18%。三是工业污染排放大。河北省钢铁行业废水排放量约 5537 万 t，占京津冀区域钢铁行业废水排放量的 98.2%，约占全国工业废水排放总量的 10%；大气氮氧化物排放量占全国排放总量的 7.4%；工业固废年排放量超过 4 亿 t。

京津冀区域呈现十分突出的多介质复合型环境污染，是全国生态环境质量最差的区域之一。PM$_{2.5}$污染不仅是当地人民群众的"心肺之患"，也影响了我国国际形象。同时，京津冀区域极度缺水，水污染严重削弱了水体的服务功能，水质安全问题正在构成当地人民群众的"心腹之患"。此外，生态功能退化和水土流失严重。京津冀区域是中国重化工业最集中的地区。京津冀区域集中了全世界最多的矿山企业和钢铁企业，全国最多的水泥厂、玻璃厂、发电厂、制药厂等。大量生产、大量消耗带来大量排放。长期以来，京津冀区域产生大量工业固体废弃物，种类多、存量大、面积广、污染重。京津冀区域工业固体废物总存量保守估算超过 50 亿 t。

京津冀的资源环境问题已经成为协同发展战略实施的重大制约因素，区域环境污染综合防治迫在眉睫。但是，京津冀区域环境污染治理成效不高，其主要原因是缺乏综合治理，一是区域社会经济发展与生态环境不相适应，产业结构不够合理，城乡布局与产业发展没有考虑区域环境的承载能力，缺乏整体统筹规划和实施；二是区域内现有行政区之间协调不力，缺乏从区域整体进行系统设计和组织环境污染防治工作，环保标准、污染治理水平、环保执法力度存在明显差异；三是区域环境综合治理的科技支撑不强，现有的环境治理工程大多针对单一环境介质和单一污染要素，采用线性思维和分割治理模式，缺乏区域内围绕整体环境质量目标、多介质立体联防联控。因此，需要从综合治理角度，在综合分析京津冀区域生态环境问题和明确生态环境质量目标的基础上，跨行政区划、跨行业、跨介质地综合规划和设计污染治理、质量改善、生态保护等技术途径，以及产业结构调整、区域一体化监测、智慧管理等措施，协同组织实施，最终全面提高京津冀生态环境治理成效，实现京津冀区域生态环境全面改善的预期目标。

党中央、国务院高度重视，要求用系统工程思路解决京津冀等区域环境污染问题。为此，中国工程院设立了第三期"生态文明建设若干战略问题研究"重大咨询项目，"京津冀环境综合治理若干重要举措研究"是其中 4 个专项课题之一。本研究从京津冀能源利用与大气污染、水资源与水环境、城乡生态环境保护一体化、生态功能变化与调控、环境治理体制与制度创新等 5 个主要方面探寻京津冀环境综合治理的重要举措。

本课题与以往旨在通过科技重大工程实现京津冀环境综合治理的不同之处是从产

业结构调整、能源结构调整、交通运输结构调整、土地利用结构调整、农业农村绿色转型 5 个方面,在宏观决策层面寻求京津冀环境综合治理的途径。综合效益评价表结果表明,产业结构调整对大气环境、水环境、固废治理效果最好;能源结构调整对大气环境、水坏境、固废治埋效果较好,但整体效果略低于产业结构调整;交通运输结构调整除对大气环境治理取得较好效果外,对其他介质治理效果不明显;土地利用结构调整改变了土地性质,约束了水污染物排放和固废排放,改善了生态环境,从而取得了较好的环境治理效果;农业农村绿色转型对大气环境、水环境和生态环境污染等都具有较好的防治效果。在考虑环境综合治理及经济效益的前提下,环境综合治理措施排序依次为:产业结构调整、能源结构调整、交通运输结构调整、土地利用结构调整和农业农村绿色转型。

第二章　京津冀环境治理举措

京津冀区域环境问题可以分解为大气、水、固废等污染问题，针对单一介质污染问题的治理已经取得一定的成效，为更好地解决单一介质污染问题，将根据单一介质污染治理现状、治理进展及挑战等问题进行陈述，并根据实际治理存在的问题提出针对性的单一介质污染的综合治理措施。

一、大气环境治理

（一）大气环境变化趋势和污染现状

1. 主要大气污染物年均浓度变化趋势

2013 年发布的《大气污染防治行动计划》（简称"大气十条"）实施以来，京津冀空气质量总体改善显著，2017 年京津冀 $PM_{2.5}$、PM_{10}、NO_2 和 SO_2 年均浓度分别为 64.5μg/m³、117.3μg/m³、47μg/m³、27.4μg/m³，其中 SO_2 年均浓度达到空气质量二级标准；虽然与 2013 年相比 $PM_{2.5}$、PM_{10}、NO_2 和 SO_2 年均浓度分别下降 36.5%、21.6%、7.5%、63.6%，实现了"大气十条"预期目标，但是京津冀 $PM_{2.5}$、PM_{10}、NO_2 年均浓度仍超标严重，分别超标 45.7%、40.5%、14.9%，其中 $PM_{2.5}$ 超标最严重，仍为"心肺之患"，仍须要将 $PM_{2.5}$ 列为优先控制与考核污染物。京津冀 13 个城市年均浓度变化趋势如图 2-1~图 2-4 所示，表明除 SO_2 以外，其他 3 种污染物年均浓度达标的城市只有 1~2 个，城市污染形势依然严峻。

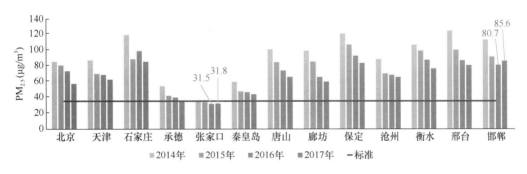

图 2-1　$PM_{2.5}$ 年均浓度变化趋势

2. 臭氧污染趋势

2013~2017 年，京津冀大气 O_3 污染浓度明显升高，O_3 日最大 8 小时浓度第 90 百分位数的平均值由 2013 年的 155μg/m³ 上升到 2017 年的 187μg/m³，增长率达 20.6%。京津冀区域 $PM_{2.5}$ 和 O_3 日超标状况如图 2-5，可见，$PM_{2.5}$ 和 O_3 协同控制已成为重点区域持续改善空气质量的关键。研究表明，$PM_{2.5}$ 和 O_3 污染是彼此关联的大气二次污染问题，

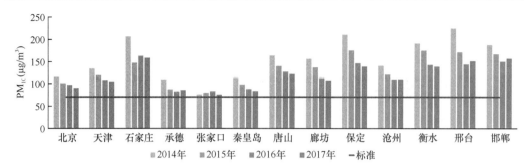

图 2-2　PM_{10} 年均浓度变化趋势

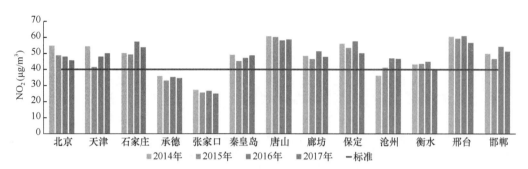

图 2-3　NO_2 年均浓度变化趋势

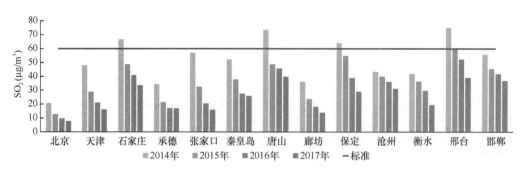

图 2-4　SO_2 年均浓度变化趋势

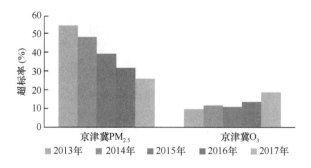

图 2-5　京津冀区域 $PM_{2.5}$ 与 O_3 日均浓度超标率

科学推进 NO_x 和 VOCs 的协同减排，特别是强化 VOCs 的减排，不仅可以降低细粒子中二次有机物的生成，还有助于降低 O_3 污染水平。

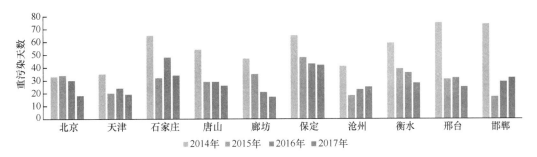

3. 重污染天数

2014~2017 年，京津冀区域重污染天数总体呈减少趋势（图 2-6）。每个城市每年平均减少 5 天，但是 2017 年与 2016 年相比，沧州和邯郸两个城市的重污染天数增加。分析表明尽管全国空气质量改善明显，但是，受复杂地形和不利气象条件的影响，沿太行山东麓和汾渭盆地分布城市出现重污染过程的频次依然很高，2017 年京津冀及周边地区平均出现 17 天重度及以上的污染天气，占全国重污染天数的 42%。

图 2-6　2014~2017 年京津冀重污染天数统计

4. 空气质量的季节分布

2014~2017 年京津冀区域 6 种常规大气污染物：$PM_{2.5}$、PM_{10}、SO_2、NO_2、O_3 和 CO 春、夏、秋、冬四个季节的空间分布如图 2-7 所示，表明：①季节特征明显；②区域差异显著；③年际变化，针对 O_3 以外的污染物，除了 2016 年秋冬季有恶化迹象以外，2014~2017 年空气质量持续改善，但是 O_3 有逐年恶化的趋势。

5. 京津冀区域气象条件

在我国现今大气污染程度仍然居高的情况下，气象条件是大气污染，特别是重污染形成、累积的必要外部条件。2013~2017 年重点地区气象条件是历史上比较差的时期，但年际间波动变化较大。

基于对主要气象要素、污染气象条件和大气自净能力指数的分析发现，与 2013 年相比，2014 年和 2015 年气象条件转差，2016 年和 2017 年转好。气象条件对 2017 年重点地区 $PM_{2.5}$ 年均浓度下降具有一定助推作用，但减排贡献仍然是大气污染改善的主导因素。根据模拟结果，如果按 2016 年气象条件，北京市 2017 年 $PM_{2.5}$ 年均浓度将从 2016 年的 $73\mu g/m^3$ 下降到 $62\sim63\mu g/m^3$。由于秋冬季气象条件转好，2017 年 $PM_{2.5}$ 年均浓度实际下降到 $58\mu g/m^3$。

（二）大气环境治理挑战

1. 不利的气象条件及高排放的产业结构

从地理条件来看，京津冀大部分区域（张家口和承德除外）位于华北平原北部，西靠太行山脉，北依燕山，东临渤海，呈现半封闭的地形。京津冀区域的几个主要城市，

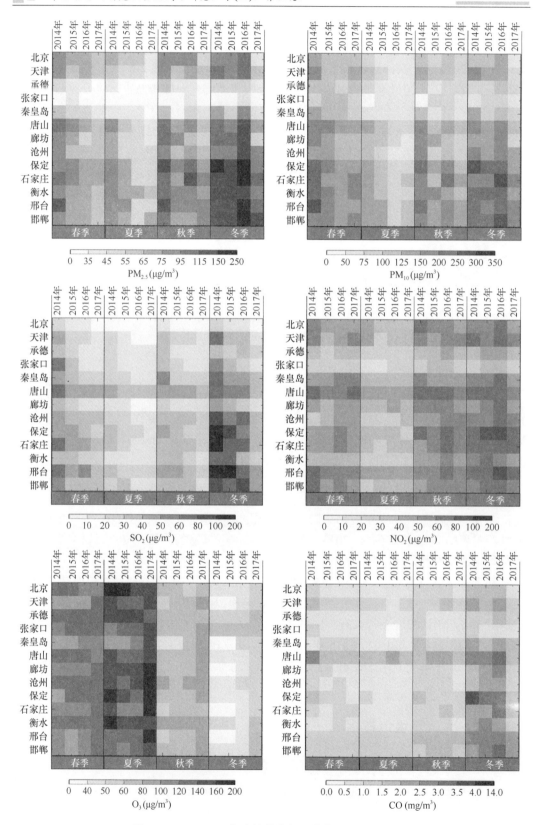

图 2-7　2014~2017 年京津冀常规污染物四季空间分布

北京、保定、石家庄、邢台和邯郸都坐落在太行山脚下，大气扩散条件差，非常不利于污染物的扩散。这一地形因素使得该地区的大气环境承载能力并不高，不适合聚集大量的工业，尤其是炼钢、炼铁、炼焦、水泥生产等高污染行业。然而，2001年北京获得奥运会举办权和加入世贸组织之后，北京东面和南面的华北平原上出现了大量的重工业。河北也迅速发展成为一个重工业大省，成为中国乃至世界第一的钢铁生产地区。不仅如此，华北平原南部的山东和河南也是能源消耗大户。遇到不利的气象扩散条件，如在持续的南风或者无风高湿的静稳天气下，过量的排放极易导致京津冀区域持续的极端污染。

2. 严格的空气质量控制目标

2013年发布的《大气污染防治行动计划》针对京津冀区域提出了2017年PM$_{2.5}$浓度改善目标，2016年发布的《京津冀大气污染防治强化措施（2016—2017）》更是将2017年的目标进行了细化和落实。除此之外，2015年修订的《中华人民共和国大气污染防治法》指出了各级政府对辖区内的空气质量负责，不达标的城市须要制定达标规划，推进空气质量尽快达标。根据《中华人民共和国大气污染防治法》的要求，京津冀区域的城市须要以6项污染物达到《环境空气质量标准》（GB 3095—2012）浓度限值要求作为奋斗目标和制定措施的出发点，考虑对大气复合污染进行综合防治。

PM$_{2.5}$和PM$_{10}$是影响区域空气质量达标的关键污染物。发达国家的经验以及我国城市PM$_{10}$浓度下降的经验表明，不管PM$_{2.5}$处于高浓度区间还是低浓度区间，不管是处于工业化后期还是后工业化时期，通过一定强度的日常管理，PM$_{2.5}$浓度每5年下降15%是现实可行的；《大气污染防治行动计划》实施前3年的经验表明，通过集中的治理工程和高强度的监管，PM$_{2.5}$浓度每年下降10%以上也是可能的。考虑到京津冀将一直作为我国大气污染防治的重点，但污染控制的边际效益将随着治理的推进逐渐降低，因此对于京津冀而言，PM$_{2.5}$年均浓度保持以每5年25%左右的速度下降，是较为可行，同时不失积极的目标。如果保持这样的速度，从2015年开始，京津冀区域还需要4个5年，才能实现PM$_{2.5}$浓度下降60%以上，达到《环境空气质量标准》浓度限值的要求。

在此基础上，结合《大气污染防治行动计划》《京津冀大气污染防治强化措施（2016—2017）》以及"十三五"规划对于京津冀区域空气质量改善的总体要求，并参考2022年冬奥会的空气质量目标要求，提出了2025~2035年北京、天津、河北各城市的不同阶段PM$_{2.5}$年均浓度控制目标（表2-1）。

表2-1　京津冀区域各城市PM$_{2.5}$年均浓度控制目标　　　　（单位：μg/m^3）

项目	北京	天津	石家庄	唐山	邯郸	邢台	保定	沧州	廊坊	衡水
2025年	43	42	49	44	48	49	49	42	43	48
2030年	35	35	39	36	39	39	40	35	35	39
2035年	31	31	33	32	33	33	34（雄安31）	31	31	33

对于其他大气污染物，综合考虑污染物的超标程度、污染的复杂性和治理难度，提出以下目标：到2020年，京津冀区域所有城市SO$_2$和CO年均浓度须达标，NO$_2$浓度持续下降，O$_3$污染程度和2015年左右持平，重度及以上污染天数比例从2015年的10%

减少到 5%。到 2035 年，基本实现京津冀区域所有城市 NO_2 年均浓度达标，O_3 超标城市数大幅下降，重度及以上污染天基本消除。

3. 实现京津冀空气质量控制目标任务艰巨

首先，2017 年京津冀城市 $PM_{2.5}$ 平均浓度为 64.5μg/m³，要实现所有城市空气质量达标，$PM_{2.5}$ 浓度需要下降 46%以上。人为源一次 $PM_{2.5}$ 和 SO_2、NO_x、VOCs、NH_3 等气态污染物排放量需要减少 46%～65%，甚至更多。其次，2013～2017 年，京津冀大气 O_3 污染浓度明显升高，$PM_{2.5}$ 和 O_3 协同控制已成为重点区域持续改善空气质量的关键。作为 O_3 生成前体物的 NO_x 和 VOCs 的协同减排量的需求，比只降低 $PM_{2.5}$ 浓度所需的减排量加大，特别是强化 VOCs 的减排更为重要也更为艰巨。

然而，目前为止所进行的主要污染物大气污染防控的措施和相关行业存在薄弱环节。非电行业综合治理、机动车尤其是柴油机动车排放管控、重点行业挥发性有机物减排以及农业氨排放控制问题突出。"大气十条"实施 5 年来，挥发性有机物（VOCs）是唯一全国排放量依然增长的大气污染物，这是由于一方面整治项目行业覆盖面较窄，治理深度不够、溶剂使用等无组织源排放未得到有效控制及监管执法乏力等，另一方面是行业增长导致新增排放量快速增加的原因。氮氧化物、挥发性有机物、氨和细颗粒物排放对全国大气污染变化具有重大影响，必须采用有力措施尽快取得治理实效。

更重要的是，"大气十条"的实施起到了促进发展方式转变的积极作用。然而，总体上能源、产业和交通结构调整的大气污染物削减潜力还有待大力释放，并将逐步成为空气质量改善的核心驱动力，为此急需加快推动空气质量改善的途径探索，逐步从污染控制向绿色发展模式的探索转变。

（三）区域大气污染联防联控的技术途径

1. 开展柴油车、非道路、船舶的大气污染排放控制

在进一步严格实施汽油车的"车油路"系统排放控制体系和提升排放监管的基础上，重点开展柴油车、非道路、船舶的大气污染排放控制。加快制定柴油车国 Ⅵ 排放标准，突破柴油车发动机控制及其与后处理系统耦合匹配控制等核心技术，补齐整车排放标定平台与数据库等技术短板，率先在京津冀、长三角、珠三角等重点区域实施新车排放标准；推广应用非道路用柴油机机内与机外净化技术体系，研究和推广岸电使用、船舶尾气脱硫脱硝技术，在重点区域、核心港口率先实施船舶排放控制区措施；加快制定在用柴油机车 NO_x 快速检测方法与标准，加强柴油车排放监控与检查，推动在用高排放柴油机污染控制技术改造升级和分步淘汰。

2. 实施非电行业特别排放限值，逐步实现超低排放，制定完善经济激励政策

加快出台非电工业行业排放标准，实施分地区、分阶段的减排目标和排放限值，扩大特别排放限值的实施范围。对钢铁、有色、水泥、玻璃、陶瓷等重点工业行业，依法实施清洁生产审核。加快推进全过程控制技术的研发及应用。重点行业实施全过程氮氧化物减排技术并进行高效脱硝设施升级改造。加快炭素、砖瓦、铸造、铝型材、铁合金

等行业减排设施的建设。加大重点工业行业减排鼓励政策。

3. 针对石油化工、表面涂装、包装印刷等重点行业实施挥发性有机物减排行动

尽快启动国家挥发性有机物总量控制行动计划。果断出台有效措施尽快遏制 VOCs 排放总量增长势头，确定 2022 年全国 VOCs 排放量降低 25%~30% 的总体目标。重点区域和重点行业实施更大力度的 VOCs 减排。重点行业建议为石化化工、溶剂涂料、包装印刷、交通运输等。各城市制定有针对性的重点源 VOCs 减排技术方案、减排核算和监管体系。加强京津冀区域大气环境 VOCs 监测能力建设，加快基于空气质量改善目标研究的 VOCs 排放标准制（修）定。

4. 畜禽养殖氨排放控制

开展农业和农村源氨排放的治理。强化畜禽养殖业氨排放的综合管控，完善畜禽废弃物的资源化利用；优化饲料配方，提高饲料中氮素利用率。强化种植业化肥和有机肥合理施用，控制氮投入总量，创新氮肥产品，推广应用机械深施和水肥一体化技术。积极推进农村厕所革命和垃圾资源化利用。力争到 2022 年全国农业源氨排放比现有水平降低 10%。

（四）区域大气污染治理策略

1. 能源消费总量控制与结构调整

依据北京、天津和河北现有的"十三五"能源发展规划及京津冀区域"十三五"后期至 2035 年的经济社会发展宏观形势进行判断，预测北京、天津、河北在 2035 年基准情景下的能源消费趋势。在最严格的大气污染控制技术及控制对策下，确定能够满足空气质量改善目标的要求能源消费方案如下（图 2-8，图 2-9）。

（1）北京 PC 情景

《北京市"十三五"时期能源发展规划》提出，在强化能源节约、大幅提高能源效率前提下，2020 年全市能源消费总量控制在 7600 万 tce 左右，年均增长 2.1%。

《北京城市总体规划（2016—2035 年）》以国际一流标准建设低碳城市，加强碳排放总量和强度的控制，强化建筑、交通、工业等领域的节能减排和需求管理。全市 2035 年能源消费总量力争控制在 9000 万 tce 左右。实现无煤的能源结构。

（2）天津 PC 情景

《天津市能源发展"十三五"规划》提出，到 2020 年天津市能源消费总量控制在 9300 万 tce 以内，年均增长率控制在 2.4% 左右，结构持续优化，效率明显提高。2035 年天津市能源消费总量为 1.03 亿 tce，煤炭消费占比 24%。

（3）河北 PC 情景

《河北省"十三五"能源发展规划》提出，2020 年河北省能源消费总量控制在 3.27 亿 tce 左右，年均增长 2.2%，压减省内煤炭产能 5100 万 t，煤炭实物消费量控制在 2.6 亿 t 以内，天然气消费比例提高到 10% 以上。

2035 年河北省能源消费总量为 3.67 亿 tce，煤炭消费量降至 2.55 亿 t，煤炭占比为 50%，比 2020 年降低 7%。

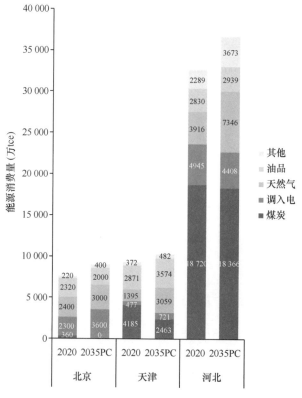

图 2-8　北京、天津、河北能源消费总量及结构

在上述能源情景下，2020 年能够达到空气质量目标的要求，但是达不到 2035 年空气质量目标的要求。经核算，在 2035 年能源消费总量不变的情况下，在 PC 的基础上减少煤炭消费量 1.1 亿 tce（天津 600 万 tce，河北 1.04 亿 tce），分别增加相应的外调度电和可再生能源利用量，才能达到空气质量目标的要求。最终形成的能源情景如图 2-9 所示。

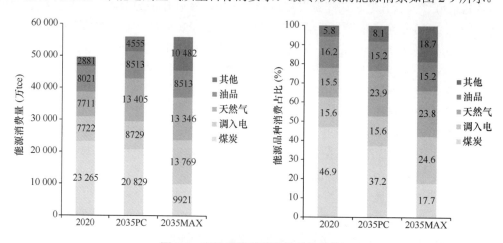

图 2-9　京津冀能源消费总量及结构

2. 京津冀协同发展下的产业结构调整

为了达到空气质量目标的要求，京津冀区域的主要高能耗产业的产量必须控制在一

定的范围内。河北及天津的主要高能耗产品产量如图 2-10 所示。但值得注意的是，根据国家统计数据，2018 年河北省粗钢产量为 2.3 亿 t，今后每年压减 1000 万 t 粗钢产量，2020 年为 2.1 亿 t，与空气质量改善目标要求的 2020 年的 1.2 亿 t 粗钢产量有近 9000 万 t 的产量差距，针对这种巨大的差距，尚须寻找解决的途径。

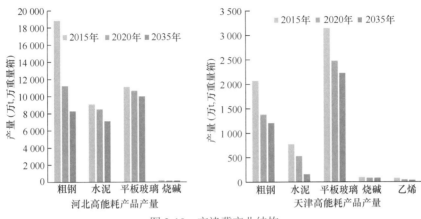

图 2-10 京津冀产业结构

3. 继续化解过剩和落后产能，实施基于环境绩效的错峰生产

将京津冀区域过剩产能行业施行限产策略，落后产能企业实施关停，对大气和水污染比较严重的过剩产业实施取缔。对于当地具有重大工业贡献且带来部分污染的行业，采取行政手段实施计划性生产，将大气或水污染情况控制在可控范围内，尤其是河北南部重污染地区，更加须要施行错峰性生产，实施经济和环境双重指标。

4. 创新运输组织，优化铁路–公路–水运相结合的运输结构，加快推广应用电动车和新能源车

京津冀城市群进一步加密和优化区域铁路网建设，并以铁路作为主骨架重新设计这两个区域交通基础设施网络。依托机场、高铁站、港口、物流园区等建设大型客货运输综合枢纽，并通过轨道交通、高速公路实现便捷连接。持续实施机动车保有总量控制制度，并采取有效措施降低机动车年均行驶里程；利用补贴激励政策和摇号政策，引导居民购买小排量、经济节油型及新能源的机动车。打造"轨道交通为骨架、常规公交为网络、出租车为补充、慢行交通为延伸"的一体化都市公交体系，加快大城市地铁网络建设，优先保障公交路权。用 3~5 年时间，实现城市货运配送、枢纽场站内部转运等领域全面推广使用混合动力、LNG（liquefied natural gas，液化天然气）、纯电动等新能源或清洁能源货车。

二、水资源和水环境治理

（一）水资源和水环境现状

1. 水资源现状

1）海河流域水资源总体特征

2016 年海河流域平均降水量 614.2mm，比多年平均多 14.7%，属偏丰年；全流域地

表水资源量为 204.00 亿 m³，地下水资源量（含与地表水资源的重复量）为 280.43 亿 m³，水资源总量为 387.89 亿 m³，占降水量的 19.8%；全流域 150 座大、中型水库年永蓄水总量为 105.23 亿 m³，比 2015 年年末增加 39.90 亿 m³。

2016 年海河流域各类供水工程总供水量为 363.11 亿 m³，其中当地地表水占 22.8%。地下水占 53.7%，外调水占 17.6%。其他水源占 5.9%，全流域总用水量为 363.11 亿 m³，其中农业用水占 60.6%、工业用水占 13.2%、生活用水占 19.0%、生态环境用水占 7.2%。全流域用水消耗量为 250.80 亿 m³，占总用水量的 69.1%。

2016 年海河流域废污水排放总量为 55.11 亿 t。其中工业和建筑业废污水排放量 22.08 亿 t，占 40.1%；城镇居民生活污水排放量 26.94 亿 t，占 48.9%；第三产业污水排放量 6.09 亿 t，占 11.0%。

全年期海河流域评价河长 15 565.2km，其中 I~III 类水质河长 5279.0km，占评价河长的 33.9%；IV~V 类水质河长 3336.9km，占评价河长的 21.4%；劣 V 类水质河长 6949.3km，占评价河长的 44.6%。

海河地表水资源量：2016 年海河流域天然河川径流量为 204.00 亿 m³，折合径流深为 63.8mm，比多年平均值偏少 5.5%，比 2015 年偏多 88.2%，属平水年。

滦河及冀东沿海水系、海河北系、海河南系和徒骇马颊河水系地表水资源量分别为 41.00 亿 m³、39.92 亿 m³、108.78 亿 m³ 和 14.30 亿 m³。其中，海河南系和徒骇马颊河水系比多年平均值分别偏多 10.1% 和 1.9%，滦河及冀东沿海水系和海河北系比多年平均值分别偏少 22.5% 和 20.6%。

北京、天津和河北的地表水资源量分别为 14.01 亿 m³、14.10 亿 m³ 和 103.22 亿 m³，天津比多年平均值偏多 32.4%，北京和河北比多年平均值分别偏少 21.0% 和 10.8%。

2016 年全流域入海水量为 69.28 亿 m³，其中滦河及冀东沿海水系 16.33 亿 m³，海河北系 14.44 亿 m³，海河南系 21.84 亿 m³，徒骇马颊河水系 16.67 亿 m³。全流域 2015 年、2016 年及多年平均地表水资源量情况详见图 2-11。

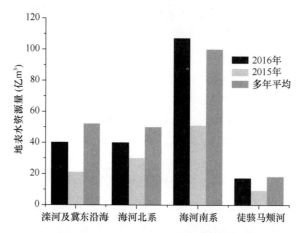

图 2-11　海河流域水资源二级区 2015 年、2016 年及多年平均地表水资源量

海河地下水资源量：地下水资源量是指评价区域内降水和地表水体入渗补给浅层地下水含水层的动态水量（不含井灌回归补给量）。山丘区地下水资源量采用排泄量法计

算，包括河川基流量、山前侧渗流出量、泉水溢出量、潜水蒸发量及开采净消耗量；平原区地下水资源量采用补给量法计算，包括降水入渗补给量、地表水体入渗补给量、山前侧渗补给量。

2016 年海河流域地下水资源量为 280.43 亿 m³，其中山丘区 131.08 亿 m³、平原区 184.08 亿 m³、平原区与山丘区地下水重复计算量为 34.73 亿 m³。滦河及冀东沿海水系、海河北系、海河南系和徒骇马颊河水系地下水资源量分别为 34.87 亿 m³、59.06 亿 m³、153.09 亿 m³ 和 33.41 亿 m³，比 2015 年分别偏多 28.8%、17.0%、42.2% 和 17.7%。

北京、天津和河北的地下水资源量分别为 24.15 亿 m³、6.08 亿 m³ 和 149.75 亿 m³，比 2015 年分别偏多 17.1%、24.8% 和 36.8%。全流域 2015 年、2016 年地下水资源量情况详见图 2-12。

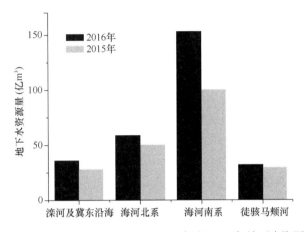

图 2-12　海河流域水资源二级区 2015 年和 2016 年地下水资源量

海河水资源总量：2016 年海河流域天然河川年径流量为 204.00 亿 m³，地下水资源与地表水资源不重复量为 183.89 亿 m³，全流域水资源总量为 387.89 亿 m³，比多年平均值偏多 4.8%，比 2015 年偏多 49.0%。全流域 2015 年、2016 年水资源总量情况详见图 2-13。滦河及冀东沿海水系、海河北系、海河南系和徒骇马颊河水系水资源总量分别为 58.38 亿 m³、83.06 亿 m³、204.86 亿 m³ 和 41.59 亿 m³，海河南系和徒骇马颊河水系比多年平均值分别偏多 14.8% 和 5.8%，滦河及冀东沿海水系和海河北系比多年平均值分别偏少 7.6% 和 7.0%。北京、天津和河北的水资源总量分别为 35.06 亿 m³、18.92 亿 m³ 和 201.75 亿 m³，北京比多年平均值偏少 6.0%，天津和河北比多年平均值分别偏多 20.5% 和 2.3%。

2）区域水资源开发利用强度与效率分析

水资源开发利用程度：海河流域水资源开发利用程度较高。最近 10 年地表水开发利用率超过 60%；其中海河北系地表水开采率甚至超过 80%；海河南系地表水资源量开发利用率超过 60%；徒骇马颊河地表水开发利用率最低，但也超过了 40%。海河流域地表水开发利用率远远超过了国际公认 40% 的合理上限。

海河流域地下水大规模开采始于 20 世纪 70 年代，随着地表水资源利于率的进一步增加，平原区浅层地下水开发利用率持续增高。平原区 1995~2007 年平均浅层地下水资

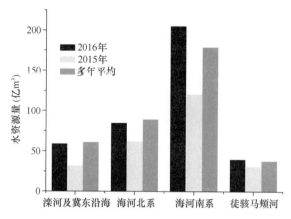

图 2-13　海河流域水资源二级区 2015 年、2016 年及多年平均水资源总量

源量 141 亿 m³，平均年开采量 172 亿 m³，浅层地下水开发利用率为 122%。除徒骇马颊河外，其他 3 个二级区均处于超采状态，其中海河南系浅层地下水开发利用率达到了 149%。平原浅层地下水总体上处于严重超采状态。另外，平原地区还开采了深层承压水，平均每年约 39 亿 m³。地下水的超量开采，造成地下水位急剧下降以及地面下沉、地裂和塌陷等一系列环境地质问题。

京津冀区域水资源及其开发利用现状分析：京津冀区域以占全国 0.9% 的水资源量条件，提供了占全国 4% 的供水量，支撑了占全国 8% 的人口和 8% 的灌溉面积，产出占全国 11% 的 GDP。2013 年京津冀区域总用水总量 198 亿 m³，农业用水占总用水量 63%，其中河北农业用水比例超过 70%，而北京农业用水只占 25%，生活和工业用水达到 59%。在供水结构中，地下水是区域主要供水水源，地表水供水占 26%，地下水供水占 67%。地下水采补严重失衡，地下水位持续下降，平原地区 92% 出现地下水超采，是未来地下水控采的最主要区域。京津冀区域各省市 2013 年具体社会经济情况如表 2-2。区域各省市供用水状况如表 2-3。

表 2-2　京津冀区域各省市水资源及社会经济情况

省市	国土面积（万 km²）	灌溉面积（万亩①）	常住人口（万人）	GDP（万亿元）	本地水资源量			本地和南水北调一期水资源量		
					总量（亿 m³）	人均（m³）	亩均①（m³）	总量（亿 m³）	人均（m³）	亩均（m³）
北京	1.6	348	2115	2	37	175	154	47	222	196
天津	1.2	483	1472	1.4	16	109	89	24	163	133
河北	18.8	6524	7333	2.8	205	280	73	234	319	83
合计/平均	21.6	7355	10 920	6.2	258	236	80	305	279	94
占全国比例	2%	8%	8%	11%	0.93%	12%	41%	1.10%	14%	49%

① 1 亩≈666.7m²

在京津冀一体化战略的推动下，京津冀区域将是城市快速发展地区。2008 年以来，京津冀三地城镇人口年均增加 257 万人，其中北京年均增加 73 万人，年均增加生活用水量 2800 万 m³。如果人口增加仍然按照这一幅度，到 2020 年，仅仅考虑人口增加一项因素，南水北调中线一期调水量和北京本地水资源量仅能够维持基本供需平衡，到2030年年度缺水将达到3亿 m^3 以上，届时如果没有外来水源保证，仍然只能依靠超采地下水来解决，必将陷入新一轮的生态破坏期。

表 2-3　2013 年京津冀区域各省市供用水情况　　（单位：亿 m^3）

省市	供水量				用水量				
	地表水	地下水	其他	合计	生活	工业	农业	生态环境	合计
北京	8.0	20.0	8.0	36.0	16.3	5.1	9.1	5.9	36.4
天津	16.0	6.0	1.8	23.8	5.1	5.4	12.4	0.9	23.8
河北	43.1	144.6	2.6	190.3	23.8	25.2	137.6	4.7	191.4
合计	67.1	170.6	12.4	250.1	45.2	35.7	159.1	11.5	251.5

同时，京津冀区域高耗水产业又相对集中，产业布局与水资源不相适配现象仍然十分突出，既加剧了水资源紧张状况，又限制了水资源利用效率的进一步提升。例如，河北钢铁、化工、火电、纺织、造纸、建材、食品7大高耗水工业用水量占工业用水量的80%以上。在农业播种面积中，灌溉用水大的小麦播种比例仍然较大，例如，河北小麦播种面积27%左右。

与京津冀水资源供需严峻情势相对应的是京津冀用水效率和水资源利用程度已经达到很高水平的基本现状，这也给未来水资源供需保障带来很大难度。2013年，京津冀区域水资源总量利用率达到70%以上，水资源开发利用程度很高。用水效率方面，全国省级行政区用水效率比较如图2-14所示，可以看出，无论是用人均用水量、万元GDP用水量、万元工业增加值用水量、亩均灌溉用水量还是用灌溉水有效利用系数等指标评价用水效率，京津冀区域所在省份整体均领先于国内其他区域。从国际上比较，北京、天津，已经接近或达到发达国家水平，第二梯次河北，水资源利用效率优于发展中国家水平但离发达国家还有一定距离，将是未来水资源挖潜关键区域。

2. 水环境现状

1）海河流域水环境质量状况

根据2016年环境状况公报，海河流域为重度污染，主要污染指标为化学需氧量、五日生化需氧量和氨氮。Ⅰ类占1.9%，Ⅱ类占19.3%，Ⅲ类占16.1%，Ⅳ类占13.0%，Ⅴ类占8.7%，劣Ⅴ类占41.0%。

2）黑臭水体问题突出

根据中国科学院生态环境研究中心2013年数据，北京、天津、河北的黑臭水体比例分别为33%、97%、35%（图2-15）。黑臭水体分布不均，石家庄山区的黑臭水体的比例为10%，而石家庄平原的黑臭水体比例高达86%。

3）流量不足导致河流动力学弱化

海河流域平原河流水力连通性恢复所需环境流量为 $22.67 \times 10^8 \ m^3$，栖息地完整性恢复所需环境流量为 $95.68 \times 10^8 \ m^3$。平原闸坝林立，河道片段化、渠库化，河流连通性差，流动性差，河流动力学过程基本消失。区域主要水系流量保障率基本在30%以下，各大水系年均流量均无法满足流域栖息地完整性所需环境流量（图2-16）。

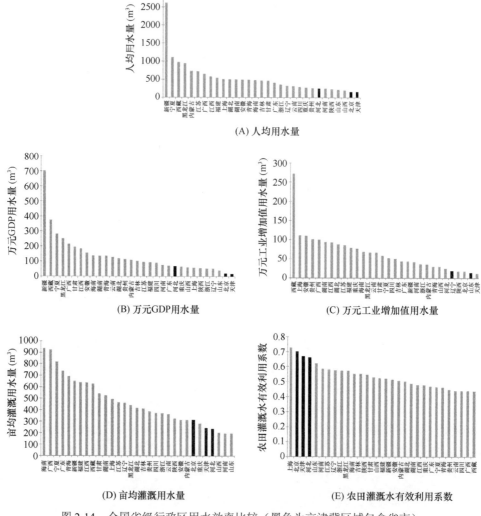

(A) 人均用水量

(B) 万元GDP用水量

(C) 万元工业增加值用水量

(D) 亩均灌溉用水量

(E) 农田灌溉水有效利用系数

图 2-14　全国省级行政区用水效率比较（黑色为京津冀区域包含省市）

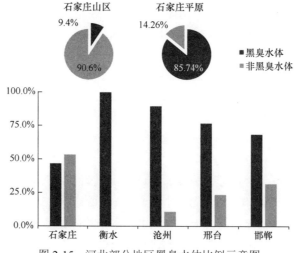

图 2-15　河北部分地区黑臭水体比例示意图

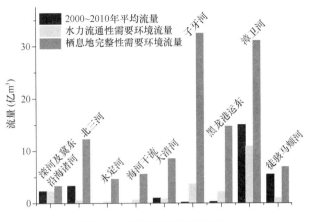

图 2-16 不同流域河流流量

4）主要河流非常规水源补给特征显著

2001~2012 年，海河河流污径比范围为 18.2%~71.6%，平均污径比 35.7%，在 2002 年污径比高达 71.6%（图 2-17）。主要河流的补给规律如图 2-18 所示。

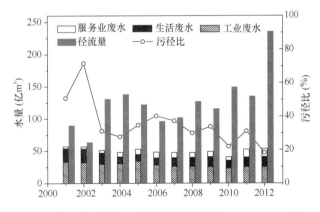

图 2-17 海河径流量、污径比及无水分类（2000~2012 年）

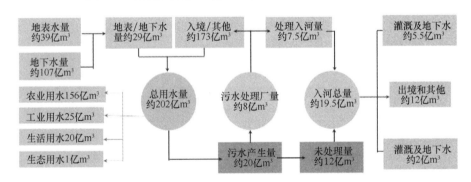

图 2-18 海河流域补给规律

5）区域典型河流中新兴污染物的空间分布

如图 2-19 所示，药物和个人护理品（PPCP）广泛分布于山区、城市和农田，其中城市和农田中 PPCP 污染较高，山区地带 PPCP 污染程度相对较低。

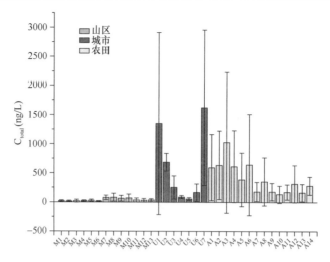

图 2-19　山区、城市和农田中不同 PPCP 的量（彩图请扫描封底二维码）

6）新型污染物组成分析

新型污染物主要是药物和个人护理品（PPCP），具体种类如图 2-20 所示。农田和城市地区中咖啡因（CAF）占比最高，同时城市地区中磺胺嘧啶（SDZ）和磺胺甲噁唑（SMX）等药物的比例也较高。城市污水处理厂是城市中 PPCP 的主要来源，而农村地区分散的点源和面源是农村地区 PPCP 的主要来源。

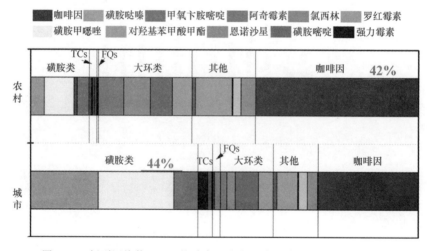

图 2-20　新型污染物 PPCP 的种类和分布（彩图请扫描封底二维码）

7）河流生物群落结构异化，生物多样性低

如表 2-4 所示，海河流域水生生物物种贫化，底栖动物群落多样性水平较低，Shannon-Wiener 指数为 0.22~2.73。

表 2-4　海河地区生物多样性评价

项目	H':0~1	H':1~2	H':2~3
样点数	60	137	39
样点比例	25.4%	58.1%	16.5%

8）河流生境质量差，水生态功能退化严重

如表 2-5 所示，海河流域 50%以上河流生态状况为中等偏差，不能够为生物群落提供适宜的生存和繁殖栖息地；超过 30%的河流生境为极差，中部平原段和下游滨海段达到 45%以上。

表 2-5　海河流域河流生态状况统计表　　　　　（%）

生态状况	北京	天津	河北
优	33.33	23.81	16.75
良	7.41	11.90	6.60
中	18.52	19.05	13.20
差	14.81	23.81	16.75
极差	25.93	19.05	46.70

9）京津冀区域地下水面临水质性和水量性缺水压力

区域累计超采量超过 1550 亿 m^3，已经形成了大量漏斗区，引发地面沉降、地裂缝等环境地质问题。1959~2003 年平原区浅层地下水水位下降显著，部分区域水位差接近 30m。

区域 72%浅层地下水受到污染，三致污染已有监测；集中式地下水饮用水源地保护区和补给区内，存在 1135 个潜在地下水污染源；填埋厂、化工厂、加油站等地下水污染源 1.26 万个，40%存在地下水污染。

（二）区域水环境存在的问题及挑战

1. 河流流域水质污染严重超标

对全流域主要河流的水质状况按照全年、汛期和非汛期进行评价。2016 年全年总评价河长 15 565.2km，其中 I~III 类水河长 5279.0km，占评价河长的 33.9%；IV~V 类水河长 3336.9km，占评价河长的 21.4%；劣 V 类水河长 6949.3km，占评价河长的 44.6%。汛期总评价河长 14 979.7km，其中 I~III 类水河长 4878.7km，占评价河长的 32.6%；IV~V 类水河长 4108.1km，占评价河长的 27.4%；劣 V 类水河长 5992.9km，占评价河长的 40%。非汛期总评价河长 15 212.7km，其中 I~III 类水河长 5044.7km，占评价河长的 33.2%；IV~V 类水河长 3309.9km，占评价河长的 21.8%；劣 V 类水河长 6862.1km，占评价河长的 45.1%。总体来看，2016 年度全流域主要河流水质状况全年、汛期、非汛期变化不大。海河流域水系水质状况如图 2-21 所示。

与 2015 年相比，2016 年海河流域主要河流 I~III 类水所占比例由 34.2%下降至33.9%，IV~V 类水所占比例由 20.0%上升至 21.5%，劣 V 类水所占比例由 45.8%下降至44.6%。总体上，2016 年海河流域水资源质量状况较 2015 年变化不明显。河流主要超标项目有氨氮、化学需氧量、高锰酸盐指数等。

按照滦河及冀东沿海水系、海河北系、海河南系和徒骇马颊河水系对水资源质量状况进行评价。滦河及冀东沿海水系 I~III 类水占评价河长的 60%以上，水质状况较好；海河北系 I~III 类水约占评价河长的 40%；海河南系和徒骇马颊河水系 I~III 类水占评价河长的不到 30%。

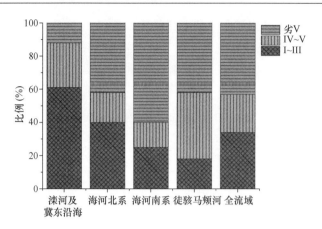

图 2-21　海河流域水系水质状况百分比图

从行政分区看（辽宁未参与评价），北京和内蒙古水质较好，Ⅰ~Ⅲ 类水占其评价河长的 80%左右；天津和河南劣 V 类水河长接近其评价河长的 70%；山西和山东劣 V 类水占其评价河长的 40%左右。

2016 年，对流域内白洋淀、衡水湖、昆明湖、福海、东昌湖 5 个重点湖泊 270.44km² 水面进行了水质评价。水质为 Ⅰ~Ⅲ 类的湖泊水面面积为 7.54km²，占评价面积的 2.8%；Ⅳ~Ⅴ 类的湖泊水面面积为 212.65km²，占 78.6%；劣 V 类的湖泊水面面积为 50.25km²，占 18.6%。河北白洋淀评价水面面积为 221.44km²，其中 27.53km² 为 Ⅳ 类水，157.48km² 为 V 类水，36.43km² 为劣 V 类水，主要超标项目是五日生化需氧量、总磷和化学需氧量；河北衡水湖评价水面面积为 41.46km²，其中 27.64km² 为 V 类水，13.82km² 为劣 V 类水质，主要超标项目是五日生化需氧量、总磷和高锰酸盐指数；北京昆明湖评价水面面积 1.94km²，为 Ⅱ 类水；北京福海评价水面面积为 1.40km²，为 Ⅲ 类水；山东东昌湖评价水面面积 4.20km²，为 Ⅲ 类水。5 个重点湖泊中，福海、昆明湖、东昌湖为轻度富营养，白洋淀、衡水湖为中度富营养。

流域内 70 个省界断面中，洗马庄、永定河桥 2 个断面全年河干不参加评价，参加评价的 68 个省界断面中全年水质为 Ⅲ 类的省界断面 17 个，占评价断面总数的 25%；Ⅳ~Ⅴ 类的省界断面 9 个，占评价断面总数为 13.2%；劣 V 类的省界断面 42 个，占评价断面总数的 61.8%。主要超标项目为化学需氧量、高锰酸盐指数、总磷、氨氮和五日生化需氧量。

流域内参加评价的 480 个水功能区中有 147 个达到水质目标，达标率为 30.6%。其中一级水功能区（不含开发利用区）达标率为 32.8%，二级水功能区达标率为 29.7%。在一级水功能区中，保护区达标率为 22.2%，保留区达标率为 58.8%，缓冲区达标率为 32.1%。在二级水功能区中，饮用水源区达标率为 45.3%，工业用水区、农业用水区、渔业用水区和景观娱乐用水区达标率分别为 26.9%、20.3%、75.0%和 30.7%，过渡区达标率为 11.1%，排污控制区全部不达标。按水体类型统计，河流类水功能区全年达标率为 32.1%；湖库类水功能区全年达标率为 15.3%；水库类水功能区全年达标率为 35.3%。主要超标项目为氨氮、化学需氧量和五日生化需氧量等。

2. 水体黑臭与生态缺水复合效应突出，水生态极端退化

京津冀区域水资源总量持续减少，持续增加的需水量迫使人们对河流水资源过度开发，导致河流断流长度和断流天数持续增加，京津冀区域河流"季节性"断流特征逐步明显。对滦河蓟运河等 21 条主要平原河流典型河段（天然河道总长度 3664 km）的断流情况统计发现，20 世纪 60 年代平原河流的断流天数为 78 天，70 年代河流断流天数增加至 173 天，至 80 年代断流天数增加至 234 天，是 60 年代的 3 倍，至 2000 年，21 条主要河流断流天数增加至 268 天，占到一年总天数的 73.4%。其中永定河、滹沱河和子牙河 80 年代平均断流天数均超过 360 天。

京津冀区域河流水资源严重短缺及黑臭问题的日益突出，进一步导致了区域内河流生态状况的持续恶化。京津冀 50% 以上河流生态状况为中等偏差，亟待治理和修复，河北尤甚。北京和天津生态状况为"差"和"极差"的样点比例高达约 40%，河北的河流生态状况很差，"差"和"极差"的样点比例超过 60%，河流生态退化极其严重。京津冀河流生态状况空间分布规律为：上游段最好，滨海段良好，内陆平原段很差，城市周边较差，远离城市较好。北京–廊坊–天津一线河流生态状况一般，局部退化严重。河北南部区 50% 以上河流生态严重退化，亟待治理，沧州稍好。概言之，近半数的河流水体已经不能够为水生生物群落提供适宜的生存和繁殖栖息地，亟待治理和修复。京津冀平原区普遍地表断流，湿地萎缩，功能衰退，流域生态系统由开放型逐渐向封闭式和内陆式方向转化。

造成京津冀区域水环境问题突出的深层次原因主要表现在三个失衡：一是水资源总量不足，开发利用过度，经济社会发展与区域水资源关系严重失衡，成为京津冀区域水环境态势严峻的主要根源；二是区域人口密集、产业聚集，城市群用水排水带来的水污染物排放聚化效应突出，河流天然径流减少，社会–自然二元水循环失衡，河流非常规水源补给特征突出是区域黑臭严重的直接原因；三是缺乏区域水环境管理联动协调机制，水资源利益不均衡，上下游城乡布局与产业发展缺乏整体统筹设计，准入标准、排放标准、执法力度缺乏协同机制，区域经济发展与水生态保护的空间失衡，是京津冀水生态极端不健康的重要原因。

总体来看，京津冀区域水资源约束很强，水环境污染很重，河流生态系统退化很严重，水资源、水环境、水生态与经济社会发展之间彼此失衡，水生态文明建设水平严重滞后于区域经济社会发展的要求，已成为京津冀一体化和国家生态文明建设的重大瓶颈制约。

（三）水资源水环境调控与安全保障策略

1. 技术途径打造"山水林田湖海"水生态格局

1）基本内涵和特征

基本内涵："山水林田湖生命共同体"，从本质上深刻地揭示了人与自然生命过程之根本，是不同自然生态系统间能量流动、物质循环和信息传递的有机整体，是人类紧紧依存、生物多样性丰富、区域尺度更大的生命有机体。

基本特征:①整体性:对于影响国家生态安全格局的核心区域、濒危野生动植物栖息地的关键区域,要将"山水林田湖海"作为一个整体,破除行政边界、部门职能等体制机制影响,开展整体性保护。②系统性:对于生态系统受损严重、开展治理修复最迫切的重要区域,要将"山水林田湖海"作为一个陆域生态系统,在生态系统理论和方法的指导下,采用自然修复与人工治理相结合、生物措施与工程措施相结合的方法,开展系统性修复。③综合性:对于环境问题突出、群众反映强烈的关键区域,要将山水林田湖作为经济发展的一项资源环境硬约束,开展区域资源环境承载能力综合评估,合理调整产业结构和布局,强化环境管理措施,开展综合性治理。

2)基本思路和目标

基本思路:通过外部调水以及增强内生最终达到饮用水健康持续的目标。在已有的黄河水为水源的基础上,充分利用长江水中线和长江水东线作为京津冀区域的外部输入,缓解地区供水压力,为饮用水安全提供基础保障。同时,为了配合完成饮用水持续健康的目标,增强内生是非常必要的。主要通过以下几个方面完成。①产水:合理控制外源污染对地表水和地下水的污染;保护现有清洁流域,防止其失去水源地功能。在保护现有清洁流域的基础上,通过生态修复手段,进一步扩大清洁流域,增强流域产水性能,为饮用水健康持续提供基础。②涵水:保护并修复森林、草地等生态区,维持并恢复其涵水性能。借鉴建设海绵城市的思路,合理设计城市、乡村等人类居住地的蓄水/排水构筑物,综合森林、草地等生态区,共同提升区域涵水性能。③节水:京津冀区域人口密度高,但是水资源总量较少。应通过充分调研工农业用水需求,合理分配现有水资源在工业、农业领域的比例,以最合适的分配体系达到最高的水资源利用率。④净水:经过充分调研,确定京津冀区域水污染点源和面源,结合地区经济发展规律,采用合适的水处理前端、末端技术应对水体污染。通过以上外部和内部的协同作用,最终达到饮用水健康持续的目的。

完成目标:构建水生态廊道,控制地下水超采并适当恢复地下水,保障生态基流,打造"山水林田湖海"水生态格局。

2. 构建水健康循环与高效利用模式

1)基本内涵和特征

水健康循环:基于水的自然运动规律,合理科学地使用水资源,不过量开采水资源,同时将使用过的污水经过再生净化成为本地径流以及下游水资源的一部分,使得上游地区的用水循环不影响下游地区的水体功能,水的社会循环不破坏自然水文资源的规律,从而维系或恢复城市乃至流域的健康水环境,实现水资源的可持续利用。

水资源高效利用:合理利用雨水以及污水处理后的再生水;完善工业前端技术,源头上做到水资源高效回收和再利用;发展海水淡化等技术,丰富水源多样性,提升水源利用率。

2)基本思路和目标

基本思路:通过发展新技术、完善工农业管理等措施,达到水源多样性的目的,为构建水健康循环和高效利用提供技术支持。水源包括常规水源和非常规水源,常规水源是指地表水和地下水,针对常规水源的健康循环和高效利用主要应解决的问题是水源的开采程度和常规水源在工农业中的合理分配。而对于非常规水源，主要应解决的问题是：①技术革新，发展新技术，实现商业化的海水淡化。②管控及治理工农业排放，合理采用现有技术或改良生产工艺，实现污水或废水在工农业中的内部循环。③完善健康风险评价与管理技术系统，统筹规划水健康循环和高效利用。

完成目标：①开辟以再生水为主的非常规水源，管控环境风险，将水的自然循环和社会循环有机结合，形成健康、高效、绿色的水循环与水利用模式。②开展地下水污染有效控制，加强饮用水氟、硝酸盐等污染控制，保障饮用水安全。

3. 发展与水生态承载力相适应的生产生活方式

1）基本内涵和特征

基本内涵：流域水生态承载力是水资源承载力、水环境承载力、生态承载力的有机结合，它综合体现了水体的资源属性和环境价值，同时也从水生态角度测度了自然生态系统对人类社会经济的承载能力。

水资源供需、生态系统弹性力和环境容量成为流域水生态承载力的主体内涵，同时也是判断水生态系统健康的信号指示灯。一旦水资源的供需平衡无法满足，生态系统受到了其自身无法代谢平衡的破坏或者环境污染物的排放超过了一定的容限，水生态系统的健康状况就会亮起红灯，流域发展处于水生态超载状况。从表现上，流域水生态承载力研究的出发点和归宿点均是保证自然资源环境和人口社会经济发展的平衡。

基本特征：①基于水的资源属性的供需平衡分析；②基于水体纳污能力的环境容量分析；③基于流域生态系统稳定性的生态弹性力分析。这三个方面有所交叉又各有侧重，但是最终是为了实现承载力的主体自然资源环境与客体人口社会经济科技的和谐发展。

2）基本思路和目标

农业：根据水资源总量进行种植结构调整、休耕农田节水、限水灌溉稳产。

工业：结合水体纳污能力和生态容量，继续优化产业结构，限制和淘汰高耗水、高污染产业。

人居：综合考虑生态系统稳定和弹性，合理进行城市布局，人口规模应适应水分布，倡导节水生活方式。

完成目标：以水定城、以水定人、以水定产。

4. 提升水环境质量，保障区域水生态健康

1）基本内涵和特征

生态与水相辅相成，有了良好的生态，水体的自净能力就会得到维系；有了水质与水量的保障，良好的生态就会得到有效保护。所以在抓好水污染治理的基础上，更要注重水生态保护。确立保护优先、自然恢复为主的基本方针，建立水生态保护与修复制度体系，增强水生态服务功能和水生态产品生产能力。

2）基本思路和目标

源头控制：加强化工、制药、钢铁等主要行业的源头减排和清洁生产，控制重金属、持久性污染物的环境风险。

技术革新：推动生活污水处理提标升级，减少营养盐和新兴污染物的环境排放。

绿色农业：发展绿色农业，减少化肥、农药施用，推广清洁养殖，降低农药和抗生素等的环境暴露。

完成目标：恢复河流良好的生态系统，生物多样性显著提升。

5. 建立区域水环境质量协同管理体系

1）基本内涵和特征

质量提升并实现流域尺度与行政区划尺度相结合。在流域尺度科学决策，在行政区划尺度高效管理，能够保证流域总量控制的科学性和可操作性。同时，还可突破以流域为单元进行科学决策和以行政边界为单元进行管理的两个空间层次无法完全重合的困境。

精准化与差异化相结合。通过对流域水环境污染风险等级进行精细化的划分，能够有效避免"一刀切"的管理方法所导致的总成本投入大幅度增加，而实际产生的生态效益却较为有限的困境。

协调发展并以最小代价实现水环境质量改善。有必要对政策措施的成本–效益进行分析和评价，选择成本效益高、便于推广，且可接受度高的政策措施实施，是决定措施是否适用的关键步骤。

2）基本思路和目标

立法：制定《生态–环境–资源红线保护法》，建立生态保护红线管理制度。

立标：统一区域流域环境标准，建立水资源–水环境联合预警与环境协作执法体制。

配套管理：创新绿色发展评价制度，实施领导干部环保政绩考核。

补偿机制：建设基于水生态承载力的产业发展机制，构建区域生态补偿机制。

完成目标：完善信息公开与公众参与机制，建立生态环境政务管理平台。

6. 京津冀产业协同调配，污染减量化

京津冀一体化须要解决产业协同调配问题，单一地把北京地区的制造业、污染较大的产业迁往河北、天津等地只能暂时缓解北京地区的问题，但是产业分工和布局还缺少整体上的规划，根本上很难达到高融合、高效益、协调发展的目标。

产业协同发展的主要问题体现在两个方面。一是经济区与行政区不一致。一个发达的经济区是一个经济单元，内部是开放的、协调的，是以产业布局为核心的，而行政区以利益协调为核心。当前京津冀一体化主要作用是大气污染的联防联控、交通的一体化和产业的转移，与过去有了很大的转变，但是距离京津冀都市圈内部开放、协调还有很远的距离。二是经济基础与基础设施基础的不一致。相对于北京的经济发展和基础设施建设，天津和河北，特别是河北严重不足，在协同发展上很可能出现在建设上的各地资金发展的不足、交通的不协调问题。

资源和环境问题是京津冀协同发展的重大挑战，如何实现京津冀的协同与可持续，就需要对京津冀的生态环境进行协同治理。首先，发展理念由"3R"向"5R"转变：再思考、减量化、再利用、再循环、再修复。再思考，即不仅研究资本循环、劳动力循环，还要研究自然资源循环；减量化，既包括原有的生产原料投入的"减量化"，还延

伸到满足人们的合理需求；再利用，从一物多用、废物利用延伸到充分利用可再生资源，大力加强基础设施与信息资源的共享，大力发展以废物为原料的"再制造"；再循环，把经济体系由生产过程粗放的开链变为集约的闭环，形成循环经济的技术体系和产业体系；再修复，不断地修复被人类活动破坏的生态系统，与自然和谐也是创造财富，也是生产的目的。

7. "半城市化"与农村污染治理

"半城市化"是指农村搬迁到乡镇或县城（非大规模城市）的过程。此过程是解决农村分散污染治理的有效方式。农村生活污水主要为冲厕污水和洗衣、洗米、洗菜、洗澡废水。污水中主要是生活废料和人的排泄物，一般不含有毒物质，往往含有氮、磷等营养物质，还有大量的细菌、病毒和寄生虫卵。因生活习惯、生活方式、经济水平等不同农村生活污水的水质水量差异较大，污水有如下特点和问题：①污水分布较分散，涉及范围广、随机性强，防治十分困难，管网收集系统不健全，粗放型排放，基本没有污水处理设施。②农村用水量标准较低，污水流量小且变化系数大（3.5~5.0）。③污水成分复杂，但各种污染物的浓度较低，污水可生化性较强。"半城市化"的过程缓解了上述特点中的突出问题，比如范围广，随机性强。在半城市化的推进中，农村污染虽然总量增加，但是由于半城市化的统一性，使得污染更加集中化，从而适应了更高的排放标准。

三、城市固体废弃物防治举措

（一）京津冀区域固废污染基本情况

1. 北京

2017 年，工业固体废物处置利用率达到 100%，城六区生活垃圾无害化处理率达到 100%，郊区生活垃圾无害化处理率为 99.69%，工业危险废物和医疗废物基本得到安全处置。

产生工业固体废物 599.02 万 t，综合利用量 440.19 万 t，处置量 158.83 万 t，处置利用率 100%。主要产生的工业固体废物有尾矿、炉渣、粉煤灰、污泥、脱硫石膏和其他废物等。其中，粉煤灰和脱硫石膏全部得到综合利用，尾矿、炉渣、污泥、其他废物等全部得到利用、处置。

工业企业产生危险废物 12.69 万 t，综合利用量 3.53 万 t，处置量 9.16 万 t，利用处置率 100%。主要产生的危险废物有废碱、废有机溶剂与含有机溶剂废物、染料和涂料废物、废酸、表面处理废物等，以上 5 种危险废物产生量占总量的 67.85%。执行危险废物转移联单制度的工业企业有 1465 家，危险废物市内处置利用量 8.07 万 t（利用 2.29 万 t，处置 5.78 万 t），跨省处置利用量为 2.04 万 t（利用 1.24 万 t，处置 0.8 万 t），其余为产废企业自行处置（2.58 万 t）。产生危险废物重点单位均按法规要求制定了危险废物管理计划和应急预案。

医疗卫生机构共产生医疗废物 3.68 万 t，其中，北京润泰环保科技有限公司处置了 1.91 万 t，北京固废物流有限公司处置了 1.77 万 t，基本实现了医疗废物无害化处置。

生活垃圾清运量为 901.75 万 t，无害化处理量 900.68 万 t，日均 2.47 万 t，全市无害化处理率为 99.88%。其中，城六区无害化处理率达到 100%，郊区无害化处理率为 99.69%。垃圾处理设施共有 33 座，设计处理能力 24 341t/日（不含 9 座转运站设计能力），焚烧和生化总处理能力达到 15 200t/日。其中，生活垃圾填埋场 11 座，设计处理能力 9141t/日；生化处理设施 6 座，设计处理能力 5400t/日；生活垃圾焚烧厂 7 座，设计处理能力 9800t/日。

北京有两家废弃电器电子产品拆解利用处置单位，共接收各类废弃电器电子产品 60.92 万台，全部得到无害化处理。主要的废弃电器电子产品有废电冰箱、废洗衣机、废电视机、废空调、废电脑等。

2. 天津

2017 年，天津一般工业固体废物产生量为 1495 万 t，综合利用量 1479 万 t，综合利用率 99%。工业危险废物产生量为 41.8 万 t，综合利用量 28.9 万 t，无害化处置量 12.6 万 t，贮存量 2.7 万 t，实现危险废物零排放。主要类别为 HW08 废矿物油、HW09 油水混合物或乳化液、HW12 染料/涂料废物、HW18 焚烧飞灰、HW34 废酸、HW49 其他废物（主要为沾染废物、实验室废液及电子类危险废物），此 6 类危险废物处理处置量占总量的 86%。

共产生医疗废物 13 604t，集中处置 13 604t，比上年增长 7%，无害化处置率为 100%。经审批取得固体废物进口许可证的加工利用企业 79 家，审批量 164.94 万 t，实际进口 148.94 万 t，其中废纸 99.82 万 t，废五金 16.53 万 t，废塑料 32.59 万 t。

废弃电器电子产品方面，2017 年，共拆解处理废弃电器电子产品 230.2 万台（套）。其中，电视机 51.8 万台，洗衣机 89.5 万台，电冰箱 35.7 万台，房间空调器 45.4 万台，微型计算机 7.8 万套。

2017 年，城市生活垃圾清运量为 306.87 万 t，无害化处理量 293.97 万 t，无害化处理率 95.8%，焚烧、填埋、简易处理占比分别为 42.48%、53.32% 和 4.2%。已运行城镇污水处理厂 74 座，年产生污泥约 56.8 万 t，分配污泥量约 1568t/日，现有 10 处污泥处理处置设施，日处理规模为 2500t。

3. 河北

河北公布了 5 个城市的固体废弃物污染防治信息。

5 个发布信息的城市 2016 年度工业固体废物产生总量为 3403.94 万 t。其中，综合利用量为 2873.08 万 t，处置量为 352.27 万 t，贮存量为 179.46 万 t，排放量为 0 万 t。主要种类包括炉渣、冶炼废渣、粉煤灰、脱硫石膏、污泥等（表 2-6）。

5 个发布信息的城市 2016 年度工业危险废物产生总量为 24.25 万 t，综合利用量为 8.36 万 t，处置量为 15.40 万 t，贮存量 1.05 万 t，排放量为 0 万 t（表 2-6）。

5 个发布信息的城市 2016 年度医疗废物产生总量为 15 155.60t，处置量为 15 155.60t，集中处置率为 100%，主要以焚烧和高温蒸汽灭菌等方式处理（表 2-7）。

5 个发布信息的城市 2016 年度城市生活垃圾产生总量为 280.64 万 t，处置总量为 280.64 万 t，处置率为 100%，主要以焚烧和填埋等方式处理（表 2-7）。

表 2-6　2016 年河北主要城市工业废物和工业危险物产生及处置

城市	工业固体废物（万 t）				工业危险废物（万 t）			
	产生量	综合利用量	处置量	贮存量	产生量	综合利用量	处置量	贮存量
石家庄	1387.8	1312.7	52.1	23	11.4	4.3	6.8	0.7
秦皇岛	1049.93	860.05	34.18	156.39	3.65	0.83	2.68	0.14
廊坊	157.41	148.62	8.79	0	3.61	0.98	2.63	0
沧州	634.35	378.97	255.5	0.06	3.26	2.03	1.2	0.19
衡水	174.450	172.740	1.704	0.006	2.327	0.220	2.087	0.021
合计	3403.94	2873.08	352.27	179.46	24.25	8.36	15.40	1.05

表 2-7　2016 年河北主要城市医疗和城市生活垃圾处置

城市	医疗废物（t）		医疗废物处置		城市生活垃圾（万 t）		城市生活垃圾处置	
	产生量	处置量	处置率（%）	主要处置方式	产生量	处置量	处置率（%）	主要处置方式
石家庄	6447	6447	100	焚烧	77.5	77.5	100	焚烧、填埋
秦皇岛	2512	2512	100	焚烧	42.5	42.5	100	焚烧
廊坊	1939.69	1939.69	100	焚烧	30.73	30.73	100	焚烧
沧州	3511.77	3511.77	100	气化焚烧	97.1	97.1	100	焚烧、填埋
衡水	745.14	745.14	100	高温蒸汽灭菌	32.81	32.81	100	焚烧
合计	15 155.60	15 155.60	100	焚烧、高温蒸汽灭菌	280.64	280.64	100	焚烧、填埋

（二）京津冀区域城市固废污染防治挑战

缺乏统一规划和统筹布局。三地在固废处理方面没有统一协调的规划，也没有统筹布局。三地的发展规划都立足于本地利益，各有自己的行政壁垒，较少从区域整体出发，遇事首先考虑本地区的局部利益。多年以来，北京向河北甩包袱和索取较多，而河北跟北京合作，首先考虑是不是会吃亏。

三地的监管能力有待进一步增强。固体废弃物污染源数量大、范围广，每年产生量达 5 亿 t，而现有环保监管力量略显薄弱。三地各区县固体废物环境监管机构设置不规范，人员数量及素质不能完全满足当前工作需要。

部分类别固废处置能力不足。生活污水厂污泥、医疗废物、垃圾焚烧飞灰等存在能力缺口，需要尽快新建、扩建处理设施。

处置设施选址困难。居民出于对身体健康、环境质量和资产价值等方面的担忧，对新建固体废物处理设施存在"邻避效应"，造成固体废物处理设施选址落地困难。

社会源危险废物监管难度较大。由于正规许可证单位危险废物处理成本较高，收费价格偏低，存在部分单位在利益驱动下，非法将废矿物油、废铅酸蓄电池等危险废物卖给小商贩的现象。加之上述违法行业隐蔽、调查取证困难、涉及部门众多，监管执法难度较大。

（三）京津冀区域城市固废污染防治措施

推动北京固废处置和循环利用向周边转移。疏解北京非首都功能，是京津冀协同发展的重中之重,也是首都城市发展的必由之路。随着京津冀协同发展的深入,作为非首都中心功能的固废处置和再生资源深加工企业,迁出北京已成定局。采取多种方式,通过多条渠道,推进北京和河北固废处置和再生资源产业有规划、有秩序地顺利转移承接,资源共享,责任共担,优势互补,互惠互利,加快推进北京"城市矿产"深加工利用与周边地区的深入合作,特别是北京资源化深加工项目向周边地区的转移和对接。

京津冀协同发展要进行横向生态补偿,进行跨区域资源统筹安排。北京市拥有诸多政策资源和技术资源,在把低值固体废弃物转移到河北综合处理的同时,应把相应的支持资金和技术等要素一并转移到河北。只有进行生态补偿,河北的产业承接才有支撑,有利于河北把资源循环利用产业做大做强。

三地的税收优惠政策要一体化。对资源综合利用产业实行统一的增值税优惠扶持政策,促进产业转移,促进再生资源深加工发展,拉动河北的经济增长。

打破行政区域分割。对报废汽车拆解和资源化利用及再制造,三地要打破行政区域分割,统一规划,统筹协调布点报废汽车拆解企业,建立三地报废汽车统一大市场,促进报废汽车资源在京津冀区域内按市场规律自由流动。

统一规划、科学布点危险废物处理企业和处置场所。对于危险废物转移和处置,三地要统一规划、科学有序布点危险废物处理企业和处置场所,改变以往危险废物的转移和处置受行政区域限制,转出地有主动性、积极性,转入地无主动性和积极性的现象。要改革危废运输联单审批机制,缩短危险运输联单审批时间,提高危废转移运输效率。

试点城市先行。京津冀三地的职能和任务很明确,三地政府、社会组织、企业都要按各自的职责行动起来,积极推进,要抓紧开展试点示范,在河北围绕京津周边选择一些企业或园区,打造若干固废综合处理先行先试平台。

布局固废协同处理产业体系。构建京津冀三地固体废物协同处置和综合利用产业体系。在布局这个产业体系时,要充分利用河北、天津已有的产业园区,并加以改造提升,作为北京产业转移的承接基地。

第三章　京津冀生态保护举措

经济社会快速发展导致生态环境问题突显，为更好地保护京津冀生态，本章将从城乡生态环境及农业农村生态环境两方面探讨京津冀生态保护的举措。

一、城乡生态环境保护

（一）城乡生态环境保护现状

京津冀区域生态文明方面总体发展向好，三地差距逐步缩小，但随着经济高速发展，城镇化水平进一步加大，京津冀城乡生态仍存在一定差距（图 3-1 展示京津冀三地生态文明指数的近 10 年的变化情况），某些方面仍存在一些生态环境问题。

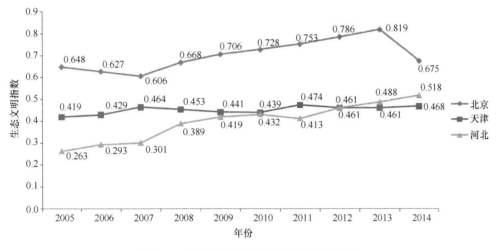

图 3-1　京津冀三地生态文明水平变化趋势

1. 京津冀城乡环境治理状况日趋改善，但农村在水、土壤等方面顽疾仍很突出

1）北京环境治理投资加大，津冀较低但总额提升

2003~2016 年，京津冀区域环境污染治理投资总额总体呈增长态势。三地正告别一家一户演"独角戏"，唱响创新发展的"协奏曲"。但是，从投资情况来看，北京投资力度最大，河北次之，天津最小，且投资差距有越来越大的趋势（图 3-2）。

2）城市污水处理率远高于农村，地下水开采减缓

2016 年京津冀三地城市污水处理率均达到 90%以上（北京：90.6%；天津：92.1%；河北：95.4%）；城市污水处理厂集中处理率达到 90%左右（北京：88.0%；天津：91.3%；河北：94.4%）（图 3-3）。

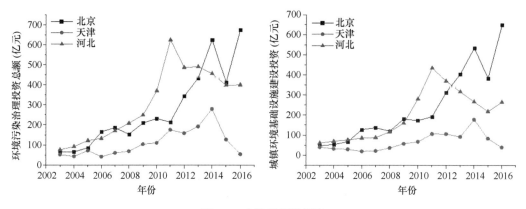

图 3-2　京津冀环境投资

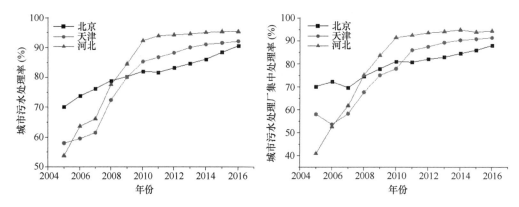

图 3-3　京津冀城市污水处理情况

京津冀三地城市污水再生利用量亦逐年增加，其中北京增幅最大，河北次之，天津最小。且北京城市污水再生利用量与天津、河北的差距越来越大（图 3-4）。

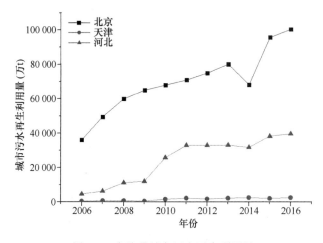

图 3-4　京津冀城市污水再生利用量

此外，华北地下水漏斗区的"锅底"——河北省衡水市，经过 3 年治理，其深层地下水的水位埋深持续回升。2014 年，河北启动地下水超采综合治理试点，已覆盖 9 市

115 县，目前试点区浅层地下水的埋深下降速率减缓，深层地下水的埋深止跌回升。近年来，天津市开采地下水逐年减少，由此，大幅度、波动性地面沉降得到有效控制。在北京，南水北调工程让水资源战略储备获得改善。江水进京两年多，北京市地下水共压采约 2.5 亿 m^3，逐步减缓了下降趋势。

3）京津冀城乡沙化面积减少，湿地、林地面积增加

随着京津冀对生态环境治理的重视，京津冀区域在城乡园林绿化方面的投资呈波动上升趋势，京津冀区域自然生态系统占用情况亦发生改变，沙化面积减少，湿地、林地面积增加。

表 3-1 表明，2004~2016 年，北京、天津地区的湿地、林地和森林面积呈增加趋势。

表 3-1 京津冀自然生态系统占用情况

年份	湿地面积（$10^3\ hm^2$）			沙化面积（$10^4\ hm^2$）			森林面积（$10^4\ hm^2$）		
	北京	天津	河北	北京	天津	河北	北京	天津	河北
2004 年	34.4	171.8	1081.9	5.46	1.56	240.35	37.88	9.35	328.83
2010 年	34.4	171.8	1081.9	5.24	1.54	212.53	52.05	9.32	418.33
2016 年	48.1	295.6	941.9	2.76	1.39	210.34	58.81	11.16	439.33

4）城市生活垃圾处理率高，乡村卫生环境状况日趋改善

2007~2016 年，京津冀针对城乡环境卫生方面的投资侧重点略有不同（图 3-5）。其中，北京在城市方面的投资呈波动上升趋势，乡村投资力度年际变化不大；天津在城乡环境卫生方面的投资力度没有明显的年际变化；河北在城市方面的投资年际变化不大，但在乡村环境卫生的投资力度逐年增加，且增幅明显。

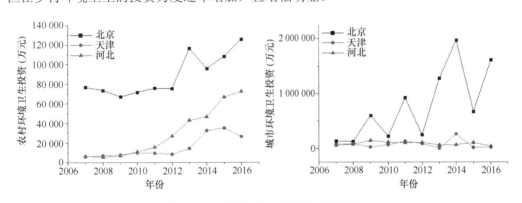

图 3-5 京津冀城乡环境卫生投资情况

2016 年，京津冀城市生活垃圾无害化处理率均达到 90%以上（图 3-6）。其中，北京高达 99.8%，天津为 94.2%，特别地，河北的城市生活垃圾无害化处理率从 2006 年的 53.4%上升到 2016 年的 97.8%。

京津冀区域农村卫生厕所普及率、农村无害化卫生厕所普及率亦呈逐年上升趋势（图 3-7）。2016 年北京、天津的农村卫生厕所普及率和农村无害化卫生厕所普及率均分别达到 99.8%、94.4%；河北农村卫生厕所普及率、农村无害化卫生厕所普及率分别达到 73.2%、52.3%，农村卫生厕所普及率、农村无害化卫生厕所普及率京津地区差距甚

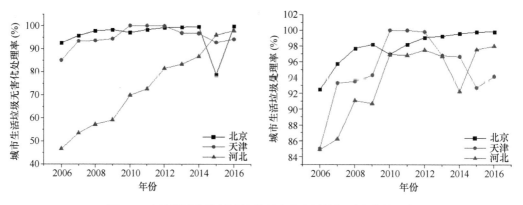

图 3-6　京津冀城市生活垃圾处理率和生活垃圾无害化处理率

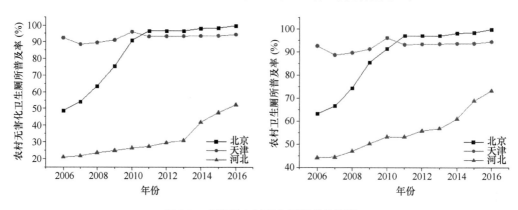

图 3-7　京津冀农村卫生厕所普及情况

小，河北省与京津地区的差距正逐年减小，但差距仍然较大。

5）城乡污水处理率悬殊较大，乡村污水处理形势仍很严峻

京津冀城乡污水投资情况年际变化不同。其中，乡村污水处理投资均呈现波动下降趋势，北京的城市污水处理投资逐年上升，天津、河北城市污水处理投资年际变化不大（图 3-8）。

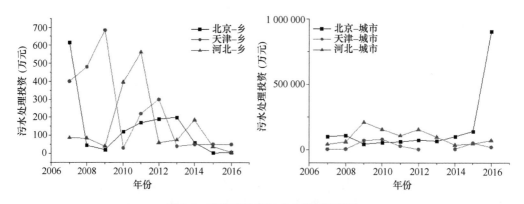

图 3-8　京津冀城乡污水处理投资情况

虽然京津冀城市污水处理率在 2016 年均达到了 90%以上，但乡村污水处理率远远低于城市污水处理率，特别是天津、河北地区，乡村污水处理率仅分别为 2.23%和 1.54%（表 3-2）。

表 3-2　2015 年、2016 年京津冀城乡污水处理率　　　　　　　　　　（%）

年份	北京		天津		河北	
	城市	乡村	城市	乡村	城市	乡村
2015 年	88.41	85.45	91.54	/	95.34	1.45
2016 年	90.58	85.96	92.08	2.23	95.37	1.54

注："/"表示无数据

此外，京津冀对生活污水进行处理的行政村比例虽呈逐年增加的趋势，但占比仍然较少，天津地区占比不足 20%，河北地区占比不足 10%（图 3-9）。

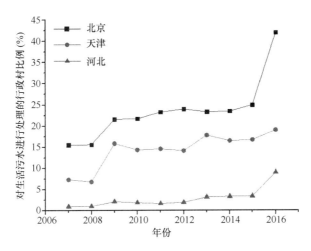

图 3-9　京津冀对生活污水进行处理的行政村比例

6）冀中南地区的山前平原耗水量大、缺水严重

京津冀区域生产总值占全国 11%，但多年平均水资源量不足全国 1%，人均水资源量仅为全国平均值的 1/9，且远远低于国际最低限（500m³/人）；区域内 92% 的区/县人均水资源量低于国际公认的 500m³ 极度缺水警戒线。水资源条件与经济社会布局极不相称。特别是冀中南地区的山前平原，这里是重要的农业生产区和工业区，耗水量大，缺水严重（图 3-10）。

由于人口众多，高耗水行业企业大量存在，超采地下水成为当前解决水资源供需矛盾的重要途径。

由于过量开采地下水，河北平原的第一含水层淡水资源多已干枯，第二含水层也大多已经干涸，除了咸水地区，目前已形成 23 个地下水降落漏斗。而且，京津冀区域的大面积沉降基本已连成片，连成一个特大的地下水降落区。这将导致地表产生地裂，危及各种建筑物安全，也影响土地的平整与农田灌溉；而沉降中心将导致暴雨集中汇聚，形成洪涝区而不能通畅排泄雨洪，危及农作物生长以及城市交通瘫痪；地面沉降导致海水入侵，造成沿海地带的海水淹没等。

京津冀区域水资源总量由南水北调前的 258 亿 m³ 增加到 315.6 亿 m³、人均水资源量从 239m³ 增加到 288.7m³、地表径流深从 118mm 增加到 144.5mm。

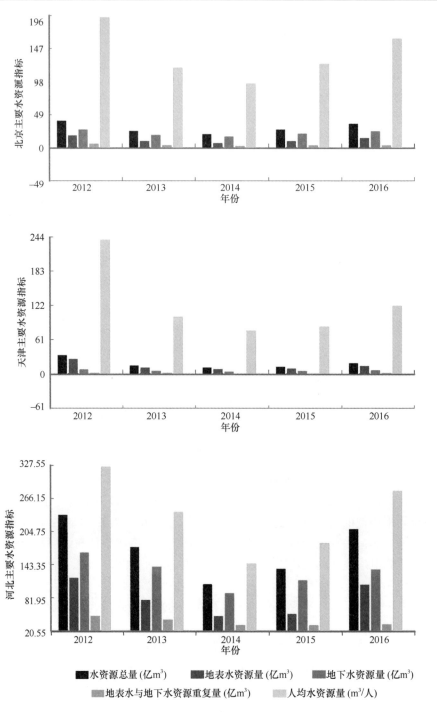

图 3-10　京津冀主要水资源指标（2012~2016 年）

随着京津冀协同发展战略的大力实施和南水北调东中线工程的相继通水，京津冀区域水资源形势正在发生显著变化，同样的水资源安全保障也面临着新的挑战和要求。

7）城镇化加剧，城市建设用地增加，三地耕地、土地征用情况略有不同

京津冀三地城市人均公园绿地面积（图 3-11）、绿地率（图 3-12）、绿化覆盖率

（图 3-13）均逐年增加，而乡村人均公园绿地面积呈波动下降趋势，绿地率、绿化覆盖率则呈现波动上升趋势。

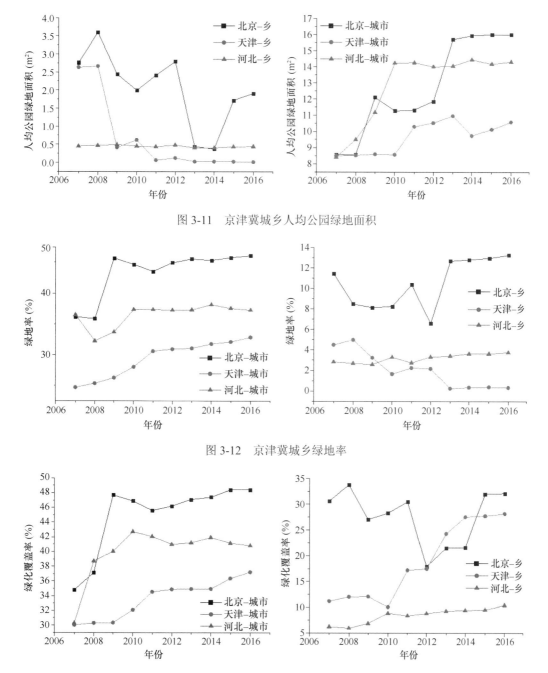

图 3-11 京津冀城乡人均公园绿地面积

图 3-12 京津冀城乡绿地率

图 3-13 京津冀城乡绿化覆盖率

随着京津冀区域城镇化加剧，京津冀三地城市建设用地面积逐年增加，且每年均征用一定面积的土地、耕地。其中，北京、天津征用土地、耕地面积逐年减少，与往年相比，2016 年河北土地、耕地征用面积大幅增加（表 3-3）。

表 3-3 京津冀城市建设用地、征用耕地及土地情况

年份	城市建设用地（10³hm²）			征用耕地面积（10³hm²）			征用土地面积（10³hm²）		
	北京	天津	河北	北京	天津	河北	北京	天津	河北
2010 年	141	69	157	1.8	1.9	1.3	4.6	4.4	3.7
2013 年	150	74	165	0.8	2.0	1.1	3.5	4.1	2.9
2016 年	146	96	194	0.9	0.9	1.5	1.6	2.0	5.0

8）农村生活垃圾收集、转运和处理能力不足

京津冀区域乡村对生活垃圾进行处理的行政村比例呈逐年上升趋势，但河北的比例仍然很少，2016 年才达到 50%左右（图 3-14）。河北垃圾处理处约为 1 座／乡镇。县城生活垃圾处理能力仅为 457.4 万 t，即便生活垃圾全部运至县城处理，也仍有 76 万 t 垃圾（相当于 600 万人的产生量）置于环境中。

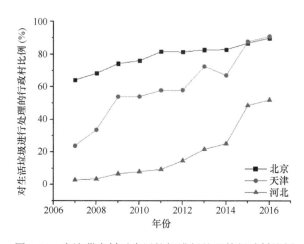

图 3-14 京津冀乡村对生活垃圾进行处理的行政村比例

2. 京津冀城乡发展存在结构失衡，引发城乡生态环境问题

1）京津冀城乡资源投入存在明显时空分异

京津冀城市群县域单元资源投入格局存在明显的时空分异，且呈明显的高值区与低值区分化格局。从时序格局变化来看，京津和位于燕山山前平原地区的唐山市辖区在整个研究时段中均为高值区，周边县域资源投入水平随时间呈相对上升趋势，表明该地区依靠京津唐市辖区较强的社会经济发展实力，使得要素集聚效应不断强化，对周边县区的辐射带动作用不断增强。第二类高值区为河北省沿海地区，包括秦沧辖区及周边县区。该区域位于沿海新兴增长区域，是国家重点优化开发区，也是京津城市功能拓展和产业转移的重要承接地。2010 年以后，该区域投入规模得到明显提升。第三类高值区位于冀中南地区。石保邢邯（石家庄、保定、邢台、邯郸）地区是河北省工业化水平、基础设施配套程度、科技文化资源集聚规模相对较高的区域，其资源投入指数在整个研究时段中不断上升，四市市辖区周边县域单元资源投入指数由低值区向高值区转变明显。特别是石家庄地区伴随省会城市地位的不断提升，以及鹿泉、栾城和藁城的撤县设区，资源投入规模得到进一步加大，对周边地区的辐射作用得到一定程度的提高。

资源投入低值区主要位于河北省北部及西南部地区。北部地区多为高原山地，为国家及省级重点生态功能区，是保障京津冀生态安全的重要区域，因此开发强度较低，资源投入相对较少。西南部县域单元主要为农产品主产区，是国家黄淮海平原农产品主产区的重要组成部分，工业化与城镇化建设强度低，因此资源投入同样相对较少。区域投资指数见图 3-15。

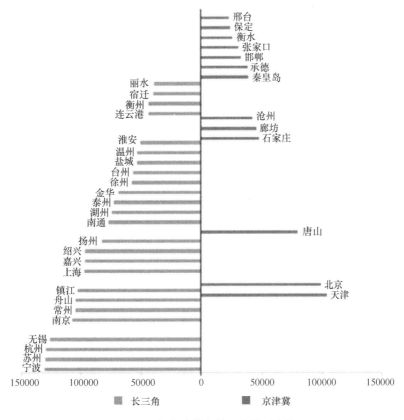

图 3-15　2015 年京津冀和长三角地区人均 GDP

2）京津冀城乡发展水平有缩小趋势，河北仍需均衡发展

京津冀城镇结构失衡，区域发展水平差距悬殊。其中，北京的综合发展指数略有下降；天津的综合发展指数略有上升，从 2004 年的 0.3457 上升到 2013 年的 0.4209；河北的综合发展指数起点低、增长快，由 2004 年的 0.2747 上升到 2013 年的 0.3687，增幅超过天津。

近年来，京津冀三地发展水平有缩小趋势，但北京的各项指标仍明显优于津冀，其核心地位稳固（图 3-16）。天津、河北仍以传统驱动力为主，但驱动力和创新力均呈上升态势，这表明津冀创新驱动力正在形成，处于新旧驱动力的交替阶段，转型升级任务仍十分艰巨。

3）津冀与北京城市规模结构呈现明显断层，易引发生态环境问题

津冀与北京发展水平差距较大，与城市群规模结构呈现明显断层有关。由于资源的垄断和行政配置特点，各种资源向大城市和行政中心高度集聚，形成典型的极化特征，

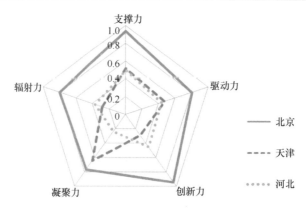

图 3-16　2013 年京津冀发展水平及内部结构雷达图

导致特大、超大和超特大城市过度膨胀，而小城市和小城镇发育不足。京津冀城镇结构失衡，除了引起资源配置不均、公共服务水平差距渐大之外，还引发一系列生态环境问题。大城市建设用地过度扩张，侵占了农村耕地、湿地等生态资源，同时，建设用地的扩张还会带来一系列环境问题，如造成农村工业垃圾的增多、土壤污染加剧、江河及地下水污染情况的加剧。此外，城镇产业向周边地区及农村转移，虽然会带动周边及农村地区经济发展，但小城市和小城镇数量多、规模小，无法起到分担大城市社会经济环境压力的作用，"县小县多"的行政区划格局不仅严重阻碍了重大资源和设施的集中配置，还对重污染产业转移后的产业密集度提升和环境治理非常不利。

3. 京津冀城乡对水、土地等资源的竞争性凸显

1）京津冀城乡社会经济转型对水能竞争日趋激烈

京津冀区域的水资源存在区域内竞争性利用，当北京市发展林业产业时，可能会与京津冀区域的其他地区形成资源竞争性利用，因而削弱了京津冀协同发展的整体性功能。

上游地区的污染排放导致北京部分水资源恶化，影响下游天津、河北等地的水体质量。

图 3-17 显示，水资源消耗的主要部门为农业、轻工业和服务业，能源消费的主要部门为资源加产业和建筑业。水资源消费的行业贡献分布和变化趋势反映了三地区产业化发展的不同阶段。北京服务业资源消耗贡献最大，但三产比例变化不大。天津三产和工业内部均发生了较大变动，服务业水能消耗贡献明显，而轻工业和机械设备制造业在5 年间水能消耗增加明显。河北的服务业贡献最少，且在 5 年中并未有明显变化趋势。2007~2012 年，服务业产值贡献越来越少，但资源消耗贡献却呈现明显增加趋势，这一现象在天津体现得更为明显。此外，天津的服务业结构中，生产性服务业对产值和资源消耗都带来了积极的影响，说明现代制造、信息和服务融合发展为节约资源带来可能。能源消耗的行业贡献变化反映京津冀产业多样化发展的趋势，例如，5 年间三地区能源消耗中的主导产业贡献占比均有所减少，而其他部门贡献占比有所增加。

从贸易结构看（图 3-18），河北是水能消耗中唯一表现为出口的地区，它的农业、轻工业产品出口带来较大的水资源消耗，而资源加工产业则通过出口带来大量的能源消耗。从 2007 年和 2012 年对比来看，农业出口带来的水资源消耗大幅降低，但资源加工

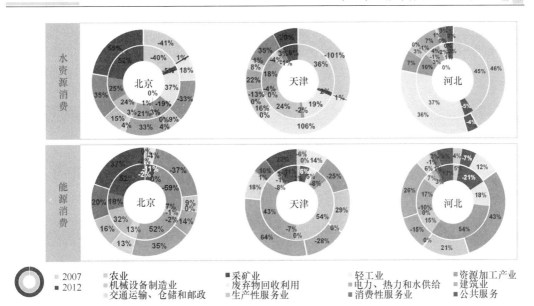

图 3-17 京津冀三地产业转型的总体影响（彩图请扫描封底二维码）

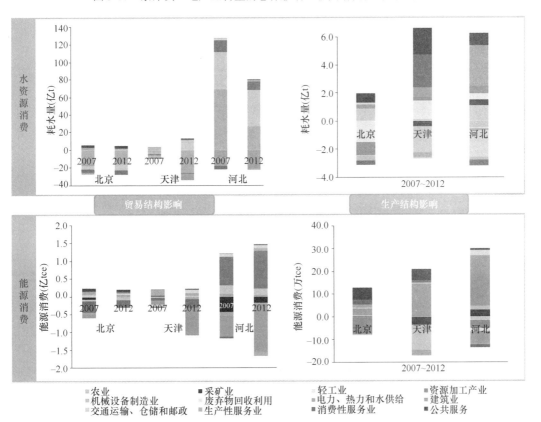

图 3-18 贸易结构和生产结构变化影响（彩图请扫描封底二维码）

产业能耗有所增加。天津的变化也很明显，2007 年各产业在贸易中的水能消耗量差异不大，但 2012 年其农业（进口）、轻工业（出口），建筑业（进口）、资源加工产业（进口）和电力、热力和水供给（进口）逐渐成为影响水能消耗的重要部门。

生产结构的变化减少了北京的水耗，却增加了天津和河北的水耗（图 3-18）。其中，资源加工产业和轻工业的贡献较大。农业、公共服务业和交通运输、仓储和邮政给三个地区都带来了水耗的增加，而机械设备制造业和生产性服务业均对控制水耗带来积极影响。生产结构对节能的消极影响在三个地区都有体现，建筑业、公共服务业和交通运输、仓储和邮政都增加了三个地区的能源消耗，但各个地区引起能耗增加的主导产业有所差异，北京为服务业，天津和河北为建筑业。

从消费模式整体变化的相对影响来看（图 3-19），消费水平、城市化率和总人口的提高是推动水能消耗增长的主要驱动因素。从绝对影响上，投资引起的各个地区的水耗和能耗变化有相同趋势：北京呈下降趋势，天津和河北呈上升趋势。其中，对建筑业产品的消耗贡献最为明显，特别体现在能源消耗上，河北农业部门的投资推动了水资源消耗的上升，并使得其投资效果从减少和避免水耗转变为增加水耗。城镇居民消费模式对水能消耗呈现出截然不同的特征，饮食是城镇居民水资源消费的主导。城镇居民的能

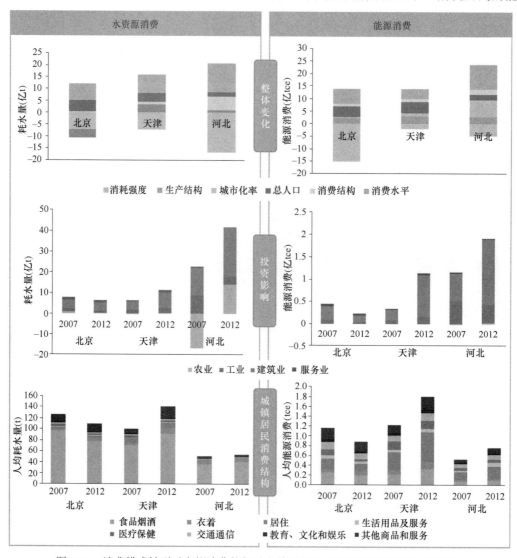

图 3-19　消费模式转型对水能消费的相对和绝对影响（彩图请扫描封底二维码）

源消耗结构比水更为分散，尤其是对北京而言。天津和河北城镇居民居住带来的能耗占比相对较高。2007~2012年，北京和天津的消费模式更趋于多元化。

分析部门间水能流动过程，确定影响水能消费的关键部门，识别协同控制水能资源消耗的潜在风险源（图3-20）。从资源在部门之间的流动来看，北京水资源消费部门的关联较为集中，其中农业占绝大部分，而其他部门的影响极小；天津的电力、热力和水供给部门、河北的采掘业的水资源消费量较为明显。三个地区部门间水资源的流动主要体现在：农业到农业、农业到轻工业、农业到消费性服务业、采掘业到采掘业，以及电力、热力和水供给部门到电力、热力和水供给部门。对于能源的流动，北京的结构更为分散均匀，天津和河北的电力、热力和水供给部门在整个网络中的驱动效应较大。整体来看，三个地区能源的流动主要体现在：电力、热力和水供给部门到各个工业部门、资源加工产业到资源加工产业，以及采掘业到采掘业。总的来说，电力、热力和水供给部门是驱动水能流动的关键部门，其次有采掘业和资源加工产业等。虽然农业引起了大量的水资源流动，但是农业在能源流动中的驱动效应微乎其微，说明难以通过该部门实现水能消耗的同时降低。

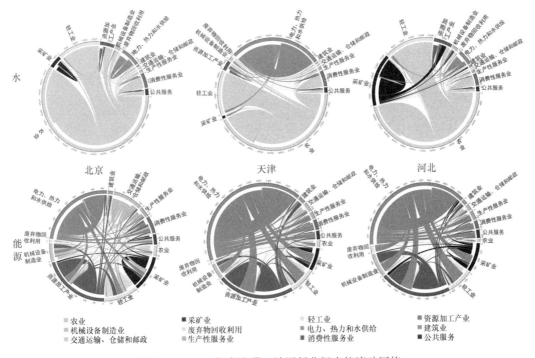

图3-20　2012年京津冀三地区行业间水能流动网络

2）不恰当的产业协作发展导致生态环境不断恶化

当前，对于环境资源的价值，社会各界人士，尤其是企业界人士，尚未有充分深刻的认识。表现在具体的实践中，就是哪里污染了治理哪里，甚至采取外迁或转移污染源的方式来达到某一目的，从而引发一系列新的生态环境问题。其实，重污染企业的外迁或转移，并非必然会为外迁或转移之地提供较好的发展机会，有时反而会在一定程度上打乱其发展计划，乃至阻碍其经济发展；另一方面，伴随着重污染企业的迁移，污染源也不断随之扩散,直接导致跨区域污染。生态环境具有系统性、无界限等特点,京津地区虽然将污染源转移到周边的中小城市,但其仍然不能全部摆脱环境污染的影响。例如,近年来的雾霾天气,虽然起因是河北重工业较多、污染排放较为严重等生态缺点,但其所造成的生态问题并非仅仅影响河北地区,京津等地虽然甩了重污染企业的包袱,也无一幸免。

(二)城乡生态环境保护挑战

1. 京津冀生态环境协同治理要求解决城乡发展差距问题

京津两地人民的生活一直处于较高水平,2014 年,北京全体居民可支配收入为 44 488.6 元,天津为 28 832.3 元,均高于全国 20 167.1 元的平均水平,河北为 16 647.4 元,不足天津的 58%,仅为北京的 37%。新型城镇化是要推进农业转移人口市民化,统筹城乡发展,所以在关注城镇居民的同时更要关注农村居民水平的同步提升。2014 年,京津冀三地的农村居民可支配收入分别为 18 867.3 元、17 014.2 元、10 186.1 元,河北仍低于 10 488.9 元的全国水平。河北在城镇、农村居民可支配收入方面与北京、天津相比,明显不足。京津冀区域特有的"环首都贫困带",指的是沿北京北、西、南三个方向"C"形环状分布的承德、张家口、保定三市的大部分区域。区域生态保护与扶贫开发的矛盾仍然共存。

2. 搬迁关停和守住底线的思路难以解决问题

当前京津冀生态生态环境问题的解决策略集中在两个方面。一方面搬迁再分配,包括重污染企业的搬迁或关停,也包括资源再分配,如统一管理水资源确定各省市用水指标,研究京津支援河北省重点城市的合作机制等。另一方面,守住底线类,包括区域大气污染联防联控的工作机制,区域生态屏障建设,各类红线、底线、上线等,几乎都是非发展式、被动式的策略。

这两类思路都有一定的问题,关停污染企业常造成经济和就业上突然的空白,已然形成矛盾,也容易反弹,容易使得百姓生活负担加重。

通过对京津冀所处海河流域政策措施仿真发现:在加强了环境政策强制程度的情况下,流域整体环境风险还是可以降低的,但是流域整体环境风险最低的情况并不是政策强制程度最强的情况,反而是采取的政策强度弱的情况。这就说明:在流域内城市没有形成管理协同时,强硬的政策会起到令行禁止的作用,自顶向下形成强有力的约束机制,达到降低环境风险的效果;但是过度的约束会产生对约束机制的依赖,以及限制了城市进行污染治理的自发性;自上而下的管理措施推行之后,要逐步进行生态教育,在各个城市形成统一发展思路后,强制性政策可以择机退出。

因此,国家及地方相关环境保护部门在制定相关环境保护政策时,要统筹兼顾、全面考虑,根据国家的生态环境现状以及各地生态环境保护的实际情况制定相应的政策,不能因为环境质量差而制定严苛的环境管理制度,这样反而会适得其反。虽然强制性的政策会在一定时间、一定程度上会对环境的改善起到一定的作用,但从长远来看,一旦对相关政策产生过度的依赖,就不利于提高城市自发进行环境管理的积极性,也就不能从根源上改善流域的生态环境。

3. 村庄采暖和村镇产业严重污染环境，治理难度大

冀中南地区内的山前城镇带，是人口最为密集的地区。这一地区受太行山自然地理条件的影响，污染扩散条件很差。春夏的东南季风带着污染物止步于太行山前，污染物在大气中盘旋沉降；秋冬的西北季风又受到山脉的阻隔，无法带走大气中的污染。因此这一地区极其容易形成严重的雾霾天气。

星罗棋布的村镇工业大多缺乏环保设施，为了降低生产成本，它们采用高污染能源进行生产。传统的皮革、纺织印染、五金加工等产业对大气和水体皆有严重污染。村庄人口密集，冬季采暖需求旺盛。在缺乏监管与补贴的情况下，居民尽可能压低采暖成本，普遍采用燃烧劣质煤、木柴、秸秆甚至废旧轮胎等进行取暖，造成很大的空气污染。据国家环境保护部（2018年组建生态环境部，不再保留环境保护部）统计，在2014年全国空气质量相对较差的城市中，冀中南占据6个，这里已成为全国空气质量最差的地区。

4. 当前京津冀城乡一体化模式仍存在问题

1）在合作方式上，表现为重短期项目的合作、轻长效性举措

目前的合作主要以生态林建设等工程项目、推动节水农业种植等投资建设及对农户经济补贴的方式为主，而在劳务合作、人才教育合作等形式多样的长效合作方式方面很不足。虽然短效合作项目取得了一定的效益，但面临着一旦停止投资和经济补偿，生态合作取得的成果就很难持续的风险。

针对京津冀区域大气污染问题，2013年启动京津冀大气污染防治协作机制，2014年不断得到推进，目前初步形成大气污染联防联控机制，为进一步健全完善京津冀生态环境协同保护长效机制打开了突破口，奠定了一体化合作的制度保障基础。但是，目前的区域生态环境协同保护进展大多数还只属于应对大气污染而采取的应急防控措施，如果与严厉的"停工停产"所成就的"阅兵蓝"相比较，基本说明是治标不治本的措施，并且对整个区域的生态环境保护措施不够。例如，2014年针对水环境污染问题，京津冀签署《京津冀水污染突发事件联防联控机制合作协议》，并确定2015年为机制建立的开局之年。2015年年底出台的《京津冀协同发展生态环境保护规划》，包括大气污染、水污染、土壤污染问题及生态功能区的确定等问题，开始体现多层面的生态环境协同保护。

2）在合作环节上，表现为重建设轻管护、合作认同感不高

在目前的合作中，合作方只注重建设阶段的合作，而忽视了后期的管护工作，如植树造林的投入标准相对较高，而森林管护的投入标准很低；同时缺乏工程效果的监测和评价机制，成为制约建设成果效益长久发挥的主要因素。

3）在合作层级上，表现为合作层级较低、缺乏顶层设计

尽管目前由京津冀三省市签署了合作协议，明确了生态合作的主要内容，但这种合作仍限于地方政府双方之间的合作，缺乏国家层面的统筹指导，协调力度较小，协调手段较为单一，无法真正实现区域性协同发展。

4）在合作领域上，表现为合作领域较少、合作区域不平衡

就北京而言，目前合作的领域主要集中在林业、水资源两个领域；合作的区域主要集中在张承（张家口、承德）两地的北部地区，西部、西南部虽有森林保护方面的合作，

但力度较小，而南部地区的廊坊、保定及天津的合作相对较弱。

（三）城乡生态环境保护与一体化策略

当前京津冀生态环境协同治理实践取得阶段性成果，大气污染防治协作机制不断深化，推动环保统一规划、统一标准，实现空气重污染应急联动，形成和强化行之有效的体制机制是城乡一体化生态环境协同治理的关键。

1. 完善体制机制是推进京津冀农村环境保护工作的关键，要着力强化两个维度的合力

在推进京津冀农村环境保护工作中，不管是纵向的各个层级之间还是横向的部门之间，界限、责任如何划分，相关法律中并没有明确。农业部（2018 年组建农业农村部，不再保留农业部）在建设美丽乡村，环境保护部在推进农村环境治理，从不同的领域在推进农村环境保护工作。

此外，还有体制机制不健全的问题。组织领导机制、责任落实机制、工作协调机制、运行保障机制、监督考核机制不够健全。要加强组织领导，落实党政领导的责任，党政同责，一岗双责；要建立目标责任制，明确各个部门在推进农村环境整治中的职责；须建立跨部门协调机制，加强部门协作，明确部门职责；要加大资金投入，建立运营维护的长效机制，建立村庄保洁制度；建立常态化监管机制。

2. 实行因地制宜是提高京津冀城乡环境治理效率的基础，推行差异化的适宜技术

京津冀邻近城镇地区的村庄设施配套较好，边远地区设施配套严重不足，主要是因为配套设施一次性投资及后期运营维护费用都较大，全部由政府注资建设运营效率不高，效果也不好，从这点看以"共建共享"的理念引入相关自维持技术并推广应用是具备生态环境改善的可行性和必要性的，并且在后期运营管理上应该注意对民间资本的引入。

在处理技术方面，部分地区在过于追求技术"高大上"。因为农村污水治理没有排放标准，很多地方基本上都是在按照城市污水治理的要求，要求达到一级 A 标准，甚至地表Ⅳ类，导致成本非常高。全靠政府投入去运行，往往造成财政支出难以承受。有的地方大力推进集中处理设施建设，没有因地制宜地采取集中处理和分散处理相结合的技术模式。

针对上述问题，减量化、资源化利用是未来农村环境治理技术的发展方向。针对农村环境治理中的运行维护难点，一些资源化、减量化的技术能够形成新的收益渠道，还能够降低能耗、物耗。应进一步加大在生活垃圾、生活污水、污泥、畜禽养殖污染物、农作物秸秆、废矿渣等不同领域的减量化、资源化利用技术研发力度。

此外，因地制宜是提高环境治理效率的基础。要充分考虑当地的人口流动情况、经济发展水平、地形地貌、村庄分布特征等，综合考虑污水治理适合采用集中式的还是分散格式。比如对于城市周边，城中村离县城比较近，完全可以实现跟县城或者城市污水治理设施的同建共享，这就需要去完善管网；对于人口比较密集、经济相对发达的村庄，就可以考虑集中化的处置模式；对于一些人口比较分散、经济不够发达、相对干旱的地

区，可能要考虑一些分散式的技术，甚至通过无动力、微动力的模式降低成本，项目才能够持续地运行。

3. 制定符合我国国情的地方农村生活污水处理排放标准

目前在中国农村地区中，污水的污染来源对于如何解决农村整体环境问题极为重要，不管是农村污水标准的建立还是处理方式的选择，都是农村水环境治理和生态修复的重要组成部分，也严重影响着新农村和美丽乡村的建设。

目前各地制定的农村生活污水排放标准或者设施污染物排放标准还不够健全，同时农村地区的社会经济条件和环境条件也会对其造成一定影响。但制定符合各地方实情的农村生活污水标准，势在必行。在中国，一定要建立专门用于农村的污水排放标准，同时这个标准不应该是全国统一的，应根据各地的实际情况进行分类考虑，才能够更加具有现实可行性。所以，未来中国各地区的农村污水和分散型污水处理标准将存在很大差异。

此外，对于各地指定地方标准来说，有两点非常重要。第一，是中央的指导，目前虽然没有全国农村污水排放的统一标准，但是应该有一个指导性的意见，不能任由地方将标准制定得过宽或者过严，要具备可操作性。第二，要考虑根据敏感水体来制定相应的水质标准。

4. 基于综合性和实用性，选择合理的农村水环境治理模式

农村污水治理标准化体系的构建是当前中国打好环境污染攻坚战的一个主要内容，建立针对农村污水排放的标准是基础，不仅仅要建立技术标准体系、考虑排水水质，还要针对项目设计、建设、运维和监管等四方面进行统筹考虑，才能保证污水能够达标排放。

农村水环境仅仅考虑水也是不行的，垃圾、卫生也是影响水环境的重要因素，农村水环境治理是一个综合性和系统性的工程，就水谈水没有解决的出路，必须讲究它的综合性和实用性。例如，污水和垃圾必须同时治理；畜禽养殖和农业面源污染应该综合控制；水源与供水水质应该协同改善；标准和管控应该因地制宜。

因此在未来，关注的事情不能仅仅是处理、处置，应该是污染控制和资源化并举，要从综合治理角度考虑农村水环境，包括所涉及的垃圾、卫生、畜禽养殖、农业、面源等，这才是治理农村水环境的综合性思路。水、土、气、固体废弃物应该协同治理，其涉及的排放、中间处置、转化、各种来源也应该多过程和多来源循环调控。最后，技术、工程、政策、管理等多措施协力见效也是必不可少的。如果做不好以上工作，农村水环境不会有综合性的改善。

5. 加强模式创新，健全投资回报机制是实现农村环境治理可持续的关键

目前，市场机制不健全，农村生活污水垃圾处理收费机制未建立，大部分地区尚未开展收费工作；农村环境治理项目成本高，风险大，社会资本参与积极性不高。亟须探索建立农村环境治理缴费制度与费用分摊机制。在有条件的地区探索建立污水垃圾处理农户缴费制度，综合考虑污染防治形势、经济社会承受能力、农村居民意愿等因素，合理确定缴费水平和标准，建立财政补贴与农户缴费合理分摊机制，保障运营单

位获得合理收益。如在大荔县平罗村按照 120 元/（年·户）的标准征收生活垃收运费。

此外，产业融合也是有效拓宽农村环境治理市场的重要举措。例如，在南京市黄龙岘村，将有收益的特色茶产业旅游与无收益的农村环境综合整治项目进行捆绑，实现了环保公益项目市场化的目标。这种资源组合开发模式有利于实现城市开发或者资源开发与环境治理的有机融合。

在模式方面，已有充分的可探索空间。通过一些区域捆绑、项目捆绑，通过环保互联网+，PPP+第三方治理等方式实现规模化的经营，降低单位污染治理的成本，最终目的是能够降低财政支付的压力。只有通过这种方式，农村环境治理工作才能得到持续的发展。桑德环卫与广告捆绑就是典型的模式创新案例，通过广告来获得收益。同时，将资源回收跟农村现代物流业务捆绑，在包装物回收等过程中与快递结合起来，这样成本就会大大降低。

6. 加强政策的协调与落地

目前来看，资金投入不足是制约现在农村环境保护工作的重要因素。资金来源渠道单一，以中央和地方政府投入为主，资金缺口较大。

农村污水治理设施需要统一规划、统一建设，但管理模式尚存在不同看法，一个流行的观点是专业化统一管理，也就是在一定区域内由专业化公司负责全部设施的运营管理。这种模式可以保证较高的管理质量，但只要细究，200 多万个高度分散的污水收集处理系统，要实现专业化管理，将需要非常庞大的专业力量，可行性值得评估。美国的分散污水治理，也是只有在水源地等敏感地区才要求专业化公司统一管理。未来较为现实的主流模式可能是基于行政层级集中与分散相结合的管理模式。"村巡视"，村设专职或兼职的管理员，负责定期检查巡视，及时发现问题；"镇维护"，镇成立规模适当的检修维护队伍，解决各村上报的问题；"县监督"，县设置专门监督管理机构，提出运行质量标准及目标，通过定期与随机抽查，不断提高运行管理水平。少数经济发达的地区，可以委托专业公司实现专业化管理，绝大部分地区，"村巡视、镇维护、县监督"有可能是值得探索的管理模式。

应进一步强化现有政策落实和协调衔接，从基本公共服务均等化的视角审视农村环境治理问题，加大专项转移支付补助力度。如参照扶贫资金管理模式，整合相关涉农资金，增强资金合力。提出可进一步明晰中央政府和地方各级政府在农村环境保护中的事权和支出责任，加大投资补助力度；财政资金优先支持创新试点示范项目，明确专项资金用于运行补助；采用地方政府投一点、村集体出一点、农民拿一点的筹资方式等，探索加大资金投入，优化财政资金使用方式。

完善价格与税费政策也是改进方向之一。在价格方面，可考虑农村用电价格的调整，如将有机肥生产、污水垃圾处置、废旧地膜回收利用、秸秆初加工等用电价格标准由"一般工商业及其他用电"调整为"农业生产用电"，这样能够一定程度降低成本。此外，可考虑研究出台农村垃圾和农业废弃物运输扶持优惠政策，把有机肥运输纳入《实行铁路优惠运价的农用化肥品种目录》。

在项目建设以外，农村环境监管能力建设需求同样迫切。目前，监管机制不健全，表现在机构和人员缺乏、监管执法能力不足、监测体系不健全、专业技术水平不够。应进一步强化基层环境监管执法力量，鼓励公众参与，实现农村环境监管的常态化。

二、农业农村生态环境保护

（一）农业生态环境保护现状

京津冀区域，化肥、农药、地膜、塑料薄膜保持缓慢的波动的增长态势。其中，北京、天津使用量基数小，而河北作为农业大省，使用量基数很大，对土壤造成的污染是缓慢、持续且具有累积性的。

1. 化肥

通过对京津冀区域 15 年来，12 种主要农作物播种面积、化肥施用量等相关数据对比分析发现，2014 年与 2000 年相比，该区域农作物播种总面积减少 619.44 万 hm^2，降低 6.2%；但经济作物+蔬菜的播种面积所占比例却从 25.71%增长到 28.30%，增加 2.59%。化肥施用总量、化肥施用强度处于持续增长的趋势，15 年间，该区域化肥施用总量和单位播种面积施用量分别从 2000 年的 305.12 万 t 和 304.77kg/hm^2 增加到 2014 年的 370.50 万 t 和 394.48 kg/hm^2。与发达国家为防止化肥对水体造成污染而设置的安全警戒线 225kg/hm^2 相比，单位播种面积化肥施用量最低的年份（2000 年 304.77kg/hm^2）也超过了安全警戒线，尤其从 2007 年开始，每年单位播种面积化肥施用量均在国际警戒线水平的 1.5 倍以上。自 2010 年起，该区域化肥施用总量增长速度相对减慢，仅增加 2.3%，但单位播种面积化肥施用量增加了 3.5%，增速远远大于总量增速。

从空间分布来看，2000 年污染高风险区主要分布在中部的顺义、通州、大兴、香河、三河、蓟县等，东北部的兴隆、迁西、卢龙、昌黎等县，西南部的正定、新乐、邯郸、磁县等；而 2014 年该区域中部和东北部的北京、天津、唐山、秦皇岛大部分县（市、区）均处于高风险污染区，西南部的污染高风险区扩大到深州、隆尧、定兴等地区，东南部各县（市、区）也从 2000 年的低风险区恶化到较高风险污染区。

2. 农药

河北的农药使用量呈波动向上趋势，2011 年以后农药使用量基本保持了增长态势，近 9 年农药使用量年均增长率达 0.47%。2016 年农药使用负荷为 13.21kg/hm^2 远远超出世界水平。

2000 年京津冀区域农药污染高风险（>20 kg/hm^2）的县（市、区）有朝阳、丰台、海淀、平谷、汉沽、东丽、抚宁、辛集及赵县共 9 个，而 2014 年昌平、怀柔、兴隆、卢龙、昌黎、深州、东光等也都超过 20 kg/hm^2，高风险污染县（市、区）增加到 20 个，其中部分县（市、区）高达 60kg/hm^2。该区域单位农作物播种面积农药施用量增幅不大，但高风险县（市、区）数量增加一倍多。农药污染高风险区域主要分布在城市周边蔬菜集中生产供应基地，例如，北京的顺义、大兴、昌平等是北京蔬菜主要生产地区，河北的怀来、万全等也是环京津蔬菜商品重要生产基地。农药污染高风险区域扩大，将对农产品安全、土壤环境构成极大威胁。

3. 农膜

河北的农膜使用量基本呈稳定的递增趋势(图 3-21)。其中，塑料薄膜使用量由 2007 年的 11.37 万 t 上涨到 2014 年的 13.79 万 t，年均上涨率为 2.17%；地膜使用量由 2007 年的 6.27 万 t 上涨至 2014 年的 6.68 万 t，年均增长速度为 0.71%。此外，农膜污染还可通过农膜耕地负荷这一指标来衡量，指标数值越大，农膜的单位面积使用量越高，造成的污染越严重。2007 年，塑料薄膜与地膜的耕地负荷水平分别是 18kg/hm²，2016 年，这两个指标值分别为 21.1kg/hm² 和 10.23kg/hm²。数据表明，虽然地膜的相对使用量减少，但农用薄膜的相对使用量在不断上升，河北的农膜污染状况进一步加剧。

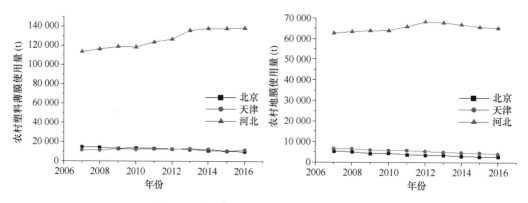

图 3-21　京津冀农村塑料薄膜、地膜使用量

4. 禽畜粪尿

禽畜粪尿的不合理排放是我国农村环境受到污染的一项重要原因。由于缺乏合理的管理与规划，大量的禽畜养殖户及企业将未经处理的牲畜粪尿排入自然生态系统。留在土壤层面的粪尿经过微生物发酵以后造成土地污染，而渗透进入地下水的粪尿则导致水体富营养化，不再适用于直饮与利用。

从表 3-4 可以看出，河北的 CODcr 的排放占主导地位，氮、磷排放量次之，且二者近年来波动态势明显，其中，2007~2010 年递减趋势明显，这主要是河北农业产业结构进入深化调整阶段，以及这段时期国内出现的禽流感疫情等原因造成的。2010 年后，养殖产业的外部环境逐渐稳定，禽畜养殖恢复正常，养殖规模再次出现回升趋势，因而，相关排污指标数值再次出现上涨态势。

表 3-4　河北 2007~2017 年禽畜粪尿污染排放情况　　　　　　　（单位：t）

指标	2007 年	2008 年	2009 年	2010 年	2011 年	2012 年	2013 年	2014 年	2015 年	2016 年	2017 年
TN	145 996	142 603	134 702	126 533	129 543	132 241	130 785	133 095	128 847	125 964	128 638
TP	602 669	580 359	548 379	514 279	519 219	525 880	517 492	525 908	516 448	499 140	501 424
CODcr	2 547 979	2 464 161	2 331 396	2 189 501	2 211 681	2 239 106	2 209 451	2 239 442	2 199 116	2 128 360	2 149 517

针对不同禽畜的污染排放情况，大牲畜的 TP 和 CODcr 排放量最高，远远超出了其他禽畜的排放水平，但猪与家禽的排放规模同样不可忽视；大牲畜与家禽是 TN 排放的主要禽畜，高于猪的排放水平，同时要远高于羊的排放量。这表明，如要对

禽畜粪尿污染物的排放加以控制，就要将大牲畜、猪和家禽当作重点来开展相关工作（表 3-5）。

表 3-5　河北 2017 年禽畜粪尿污染排放情况　　　　　　　（单位：t）

指标	猪	羊	大牲畜	家禽
TN	32 039	5 677	46 322	44 788
TP	84 499	28 762	281 060	107 103
CODcr	498 565	55 506	1 141 720	453 726

从表 3-6 可以看出，并非所有的禽畜粪尿污染物会通过土壤深入水体，造成污染。禽畜粪尿排放所造成的污染在逐年减轻，其中，磷的流失量减少最为显著，CODcr 和氮次之。但从这些指标的绝对值来看，这一污染仍然需要引起足够重视，尤其是日积月累的流失量对环境可能造成的危害更需关注，需要采取措施来缓解、并控制这一污染。

表 3-6　河北 2007~2017 年禽畜粪尿污染流失情况　　　　　（单位：t）

指标	2007 年	2008 年	2009 年	2010 年	2011 年	2012 年	2013 年	2014 年	2015 年	2016 年	2017 年
TN	10 257	9 861	9 357	8 773	8 759	8 780	8 667	8 756	8 706	8 343	8 310
TP	113 389	107 321	101 493	95 220	94 240	94 473	92 390	93 359	93 711	89 231	88 208
CODcr	201 229	193 269	183 482	172 133	171 408	171 532	169 336	170 776	170 345	162 965	162 271

由于天津和河北多数县（市、区）家禽数量统计数据缺失，为了保证数据统一，仅对猪、牛、羊三种畜禽粪尿累积氮磷素污染风险进行空间差异分析。2000~2005 年京津冀区域单位耕地面积畜禽粪尿氮素污染呈局部加重的特点，2000 年和 2005 年该区域畜禽粪尿中氮素高风险污染空间分布区域大体相同，主要分布在京津冀北部及西南部少数县（市、区）。2010 年整个区域畜禽粪尿中氮素污染与 2005 年相比明显降低，原因可能在于经济疲软和畜产品安全事件引发畜产品价格波动较大，导致 2010 年各县（市、区）生猪出栏和牛存栏量大幅度下降。但 2014 年该区域畜禽粪尿中氮素污染高风险区大幅增加，坝上高原生态防护区、燕山-太行山生态涵养区所在的部分县（市、区）单位耕地面积氮素负荷已超过 $170\,kg/hm^2$，氮素污染高风险县（市、区）数量达 136 个，占总县（市、区）个数的 75%，除北京、天津、张家口、廊坊、衡水辖区少部分县（市、区）外，其他各县（市、区）均处于氮素污染高风险或较高风险区。该区域畜禽粪尿磷素污染更为严重，部分氮素污染低风险的县（市、区）磷素污染却达到高风险水平。2000 年和 2005 年该区域畜禽粪尿磷素高风险污染空间分布基本相同，但 2005 年磷素负荷局部加重，主要分布在北部、南部的边缘县（市、区）；2014 年该区域畜禽粪尿中磷素污染高风险区大幅增加，单位耕地面积磷素负荷超过 $35\,kg/hm^2$ 的县（市、区）有 148 个，占总县（市、区）个数的 81%；超过 $70\,kg/hm^2$ 的县（市、区）有 112 个，占总县（市、区）个数的 62%。秦皇岛、唐山等海岸海域生态防护区大部分地区处于磷素污染高风险区，除北京、天津等少部分县（市、区），其他各县（市、区）均处于磷素污染较高或高污染风险区。

（二）农业生态环境保护调控举措

1. 加强废弃物资源化回收利用

加强废弃农膜回收利用。开展农膜使用情况摸底调查，掌握农膜覆盖面积、使用量、覆膜作物类型、回收处理量等基本情况。2018 年，涉农区全面启动农田残膜回收工作。因地制宜建立废旧农膜回收服务网点，采取人工捡拾和机械捡拾相结合的方式，对农田废旧地膜进行回收并补助。

严格执行秸秆禁烧制度。开展专项巡查，以堵促疏，推动秸秆综合利用。继续推广普及保护性耕作技术，以玉米、小麦秸秆直接粉碎还田为重点，结合秸秆腐熟还田、堆沤还田及秸秆有机肥应用等方式，稳步推进秸秆肥料化利用。把推进秸秆饲料化与调整畜禽养殖结构结合起来，引导发展饲料型玉米种植，推广应用青饲机械化收获技术和装备，积极支持秸秆青贮、黄贮、颗粒饲料加工产业化，持续扩大全市秸秆饲料化利用规模。拓宽秸秆工业化利用渠道，大力支持新建生物质发电等秸秆产业化利用项目建设，积极推广秸秆固化成型技术，鼓励生产以秸秆为原料的非木浆纸、包装材料、建筑材料等产品。完善秸秆收储运体系，加大秸秆综合利用装备补贴力度，积极支持秸秆收储运服务组织发展，将收储运能力提升到 40 万 t。

重点推广秸秆的肥料化、饲料化、基料化、能源化、原料化综合利用。小麦秸秆机械还田基本实现全覆盖，玉米秸秆还田率提高 5 个百分点。

2. 发展绿色循环农业

扶持和引导生态农业发展。以种植业减量化利用、畜禽养殖废弃物循环利用、秸秆高值利用、水产养殖污染减排、农田残膜回收利用、农村生活污染处理等为重点，扶持和引导以市场化运作为主的生态循环农业建设，推广多层次的粮经饲统筹、种养加结合、农林牧渔融合循环发展模式。

构建生态农业服务技术服务体系。适度压减高耗水作物，选育推广节肥、节水、抗病新品种。依托产业技术体系，围绕"一节两减"（节水、减肥、减药）开展优质高效蔬菜品种育种和绿色高效技术引进集成与示范工作。引导畜牧业生产向环境容量大的地区转移。积极探索高效生态循环农业模式，构建现代生态循环农业技术体系、标准化生产体系和社会化服务体系。

3. 推进畜禽养殖污染防治与废弃物资源化利用

加强畜禽养殖污染源头防控和环境监管。优化畜牧业布局，科学编制畜牧业发展规划，以土地消纳粪污能力确定养殖规模。新建、改建、扩建的规模畜禽养殖场要严格执行环境影响评价制度，加强监督检查，对未依法进行环境影响评价的规模畜禽养殖场依法予以查处。对畜禽粪污进行资源化利用的，纳入总量减排核算。全面完成规模畜禽养殖场粪污治理工程，采用多级沉淀、厌氧发酵、固体堆肥等技术，按照"三改两分再利用"、种养一体化等模式处理畜禽粪污，建设粪污存储、收集、处理、转运等设施。

规模畜禽养殖场粪污治理。加强村庄内散养畜禽管理，属地政府要因地制宜制定政策，引导专业养殖户有序退出村庄；确须保留的，由村委会负责组织对散养畜禽产生的粪污进行收集、处理、利用。支持在田间地头配套建设管网和储粪（液）池等，解决粪肥还田"最后一公里"问题。大力发展标准化规模养殖，建设自动喂料、自动饮水、环境控制等现代化装备，推广节水、节料等清洁养殖工艺和干清粪、微生物发酵等实用技术，实现源头减量。

推进畜禽粪污资源化利用。加强各涉农区病死畜禽无害化处理体系建设，建成覆盖饲养、屠宰、经营、运输等环节的病死畜禽无害化处理体系，科学、安全、有效处理病死畜禽。通过购买服务方式委托有处理能力的无害化处理场处理。推行病死畜禽无害化处理和政策性养殖保险联动，提高病死畜禽无害化处理率。

优化养殖业布局。将统筹考虑环境承载能力及畜禽养殖污染防治要求，优化养殖布局，推行种养结合、以地定畜，提高畜禽生产性能和饲料利用效率。以环京津、环渤海、环省会区域为重点，创建畜禽养殖场、沼气发酵-沼渣沼液农田循环利用工程。

（三）农业农村面源综合治理对策

针对京津冀区域农业土水资源与环境质量恶化、农村人居环境质量亟须改善、城乡交互带土壤污染风险高的问题，围绕七大共性研发内容，亟须重点解决以下关键科学问题：①畜禽养殖废弃物多介质转化机理与调控，畜禽养殖废弃物农田消纳阈值与机理；②地下水压采与农业水平衡的互馈机制与调控途径，农业限产与提升农业水资源效率和效益的协同机制；③村镇多类型废弃物的时空离散性、异质多样特征分布，村镇废弃物处置利用全过程能量-物质流向调控规律，村镇废弃物全过程处置利用中二次污染风险效应；④散煤源头调质与燃烧过程控制的协同机制，环境-能源-经济协调的散煤污染综合防治方法学；⑤污染物多介质时空迁移转化机制及环境容量承载能力，绿色-高效-低耗环境友好型材料修复机理与长效作用，污染物暴露、毒性及健康与水环境风险评估方法学。

1. 畜禽养殖废弃物的有效处理和利用

重点要坚持源头减量、过程控制、末端利用的治理路径，以畜牧大县和规模养殖场为重点，以沼气和生物天然气为主要处理方向，以农用有机肥和农村能源为主要利用方向，加快构建种养结合、农牧循环的可持续发展态势，才能有效推进畜禽养殖废弃物资源化利用，改善农村居民的生产生活环境。首先，应建立畜禽规模养殖场直联直报信息系统，健全畜禽粪污还田利用和检测标准体系，完善畜禽规模养殖场污染物减排核算制度，制定畜禽养殖粪污土地承载能力测算方法，畜禽养殖规模超过土地承载能力的县要合理调减养殖总量。其次，推广实施种养业循环一体化工程，在畜禽养殖密集区域首先实施有机肥替代化肥行动，对畜禽养殖废弃物资源化利用装备实行敞开补贴。通过在田间地头配套建设管网和储粪（液）池等方式，解决粪肥还田"最后一公里"问题。加强畜禽粪污资源化利用技术集成，根据不同资源条件、不同畜种、不同规模，推广粪污全量收集还田利用、专业化能源利用、固体粪便肥料化利用、异位发酵床、粪便垫料回用、污水肥料化利用、污水达标排放等经济实用技术模式。

2. 村镇垃圾持续施行"村收集、镇运输、县处理"模式

由于集中处理对垃圾收运条件要求较高、处理成本较大，对于距离规模化垃圾处理终端设施较远的农村来说，垃圾集中处理的应用具有一定局限性。应在京津冀农村地区发展"源头减量、分类投放、分类收集、分类运输、分类处置及全过程监管"模式，继续强化垃圾收运基础设施建设，加大创新型垃圾处理模式投入，并建设一批适合村镇的、相对完善的、集中和分散相结合的固体有机废弃物处理设施。推动可降解有机垃圾就近堆肥，或利用农村沼气设施与农业废弃物合并处理，发展生物质能源；灰渣、建筑垃圾等惰性垃圾应铺路填坑或就近掩埋；可再生资源应尽可能回收；有毒有害垃圾应单独收集，送相关废物处理中心或按有关规定处理。加强村镇垃圾源头收集分类管理，建立稳定的村庄保洁队伍，根据作业半径、劳动强度等合理配置保洁员，明确保洁员在垃圾收集、村庄保洁、资源回收、宣传监督等方面的职责。同时通过修订完善村规民约、与村民签订门前三包责任书等方式，明确村民的保洁义务。

3. 发展节水农业，实施精准施肥和喷洒农药

京津冀地处平原地区，2014 年地区总面积为 2167.62 万 hm^2，农用地面积为 1487.55 万 hm^2，占总面积达 68.63%，具有相当的农业资源禀赋；但从水资源来看，京津冀区域隶属于中国北方，水资源缺乏，京津冀三地人均水资源量排在中国 34 个省级行政区域的最后三名，提升农业水资源利用效率和效益势在必行。现有农耕地区漫灌灌溉模式造成大量的地下水资源浪费。主要农耕地区应因地制宜发展喷微灌等节水灌溉工程，推广喷灌、滴灌等高效节水措施，在山丘区推广膜下灌、小管出流等田间节水技术，广泛推行坡耕地改造、地膜秸秆覆盖等田间节水技术。改革传统耕作方式，发展保护性耕作，推广各种生物、农艺节水技术和保墒技术，推广耐旱、高产、优质农作物品种，推广使用高效、无污染的绿色肥料，减少农业面源污染。实现灌溉水利用系数提高到 0.6，综合灌溉毛定额控制在 4500hm^2 以内。

1）开展农业节水减污染

推进种植业节水减污。发展节水农业，实施节水压采战略，加强节水灌溉工程建设和节水改造，推广水肥一体化等节水抗旱技术，推进规模化高效节水灌溉。基本完成大型灌区、重点中型灌区续建配套和节水改造任务，农田灌溉水有效利用系数达到 0.55 以上，有效减少农田退水对水体的污染。

高效率灌溉节水。适当调减用水量较大的小麦种植面积，在深层地下水超采区改冬小麦、夏玉米一年两熟制为种植玉米等农作物一年一熟制，同时积极发展马铃薯、谷子等特色农业和食用菌、油葵等低耗水农作物。发展高效节水灌溉，力争节水灌溉率由 40%提高到 70%。

2）实施节肥减污

节肥方面，实施实测土配方施肥。将根据不同区域土壤条件、作物产量潜力和养分综合管理要求，合理制定各区域作物单位面积施肥限量标准。全省所有县（市、区）主要农作物实现测土配方施肥全覆盖。

开展化肥负增长行动。推进测土配方施肥。以种植大户、专业合作社、家庭农场为

主体，鼓励农民使用测土配方施肥技术，通过精准施肥、调整肥料结构、改进施肥方式及有机肥替代等，减少化肥使用量，通过示范带动，扩大实施规模。

推进新技术应用及示范。开展土肥水综合技术推广，实施水肥一体化技术示范项目，重点选择积极性高、具备一定条件的适度规模经营粮食种植大户和合作组织实施水肥一体化技术示范项目。

推进有机肥资源利用。支持规模化养殖场利用畜禽粪便生产有机肥，支持农民积造农家肥，施用商品有机肥。实施商品有机肥补助项目。实施玉米秸秆粉碎还田腐熟项目，以种植大户、专业合作社、家庭农场为重点，在玉米种植区域实施秸秆粉碎还田。

3）实施农药负增长污染

应用绿色防控技术。应用农业防治、生物防治、物理防治等绿色防控技术，大力推广应用生物农药、高效低毒低残留农药，替代高毒高残留农药。重点实施小麦"一喷三防"集成技术，大力推广玉米中后期"一喷多效"集成技术，加快蔬菜环境友好技术推广应用，推进农作物病虫害专业化统防统治与绿色防控融合。示范、应用、推广绿色防控技术，小麦、玉米等主要农作物病虫害绿色防控覆盖率达到 30%以上。推进主要农作物病虫害统防统治工作，小麦、玉米和水稻等主要农作物病虫害专业化统防统治覆盖率达到 40%以上。

开展农药负增长行动。大力推广应用高效低毒低残留农药和现代高效植保机械，实现主要农作物农药利用率达到40%以上，力争实现农药使用总量负增长。

第四章 环境综合治理举措

环境综合治理需要采用能源结构调整、产业结构调整、交通运输方式调整和固废处置利用等多种手段综合运用，以达到减少污染物排放、提升大气和水质量、减少固废排放的目的。即便相同治理手段对大气、水、固废等达到的治理效果存在较大区别，因而需要通过对多种治理手段的梳理，从而探索出复合多重污染介质综合治理措施，以期达到最佳的多重介质综合治理效果。

一、环境综合治理成效分析

环境综合治理在空气、水和固废等方面取得成效，综合治理措施可概括为能源结构调整、产业结构调整、交通运输方式调整、固废处置利用等。

（一）综合治理进展情况

1. 产业结构调整

2005~2016 年北京、天津、河北的三次产业结构基本保持稳定，呈现出第一产业、第二产业比重逐渐减小，第三产业比重逐渐增加的趋势（图 4-1~图 4-3）。北京主要以第三产业为主；天津主要以第二产业及第三产业为主，二者比例相当，其中第三产业比重略高于第二产业；河北主要以第二产业为主，第三产业比例要远低于京津两地，而其第一产业的比例却要显著高于京津两地。

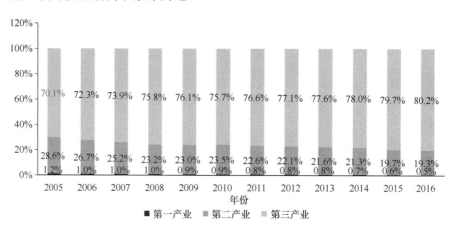

图 4-1　北京产业结构（河北经济年鉴，2017）

考虑到天津、河北的工业占比较高，下面分别给出了津冀两地 2015 年工业分行业产值占比，如图 4-4 和图 4-5 所示，其中，天津工业总产值为 28 242.13 亿元，河北工业

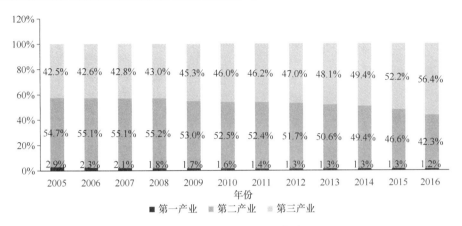

图 4-2　天津产业结构（河北经济年鉴，2017）

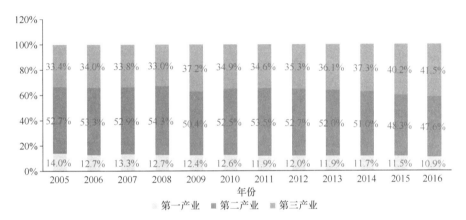

图 4-3　河北产业结构（河北经济年鉴，2017）

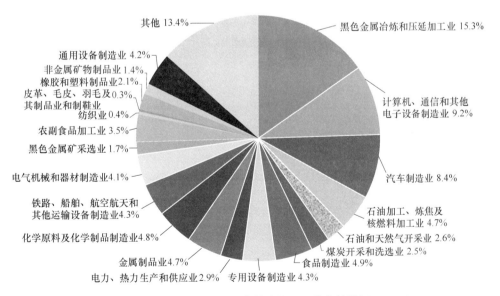

图 4-4　2015 年天津工业分行业产值占比（天津市统计局，2016）

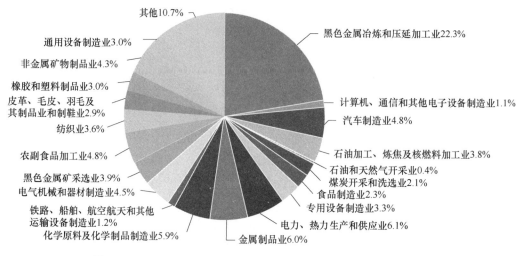

图 4-5　2015 年河北工业分行业产值占比（河北省统计局，2016）

总产值为 45 407.38 亿元。可以看出，钢铁和电子设备制造业占天津市工业总产值的比重最高，分别为 15.3% 和 9.2%；河北工业产值呈现"一钢独大"格局，钢铁占 22.3%。众所周知，河北是钢铁产业大省。2015 年，河北生铁产量为 17 382.3 万 t，占全国的 25.1%；粗钢产量为 18 832 万 t，占全国的 23.4%；钢材产量为 25 244.3 万 t，占全国的 22.5%。

2013 年和 2016 年，北京、天津、河北第三产业分行业产值占比分别如图 4-6、图 4-7 及图 4-8 所示。可以看出，河北的第三产业中，交通运输、仓储和批发零售业占比显著高于北京、天津，而金融业占比显著低于北京、天津。

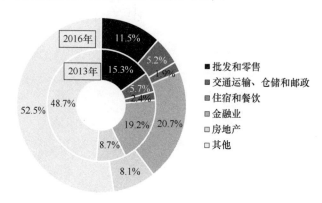

图 4-6　2013 年、2016 年北京第三产业分行业产值占比（国家统计局，2016）

2. 能源结构调整

2016 年京津冀区域能源消费总量为 4.479 亿 tce，其中，煤炭消耗近 3.3 亿 t。京津冀区域三地能源消费总量及其占比情况如图 4-9、图 4-10 所示。可以看出，2005~2016 年京津冀能源消费总量呈逐年增加趋势，但近年增长缓慢；河北消费了整个区域的约 2/3 的总能耗。京津冀区域三地煤油气等能源消费情况见图 4-11，煤炭消费量占能源消费总量的比例由 2005 年的 66%，下降到 2008 年的 60%，随后上升到 2013 年的 62%，最后

图 4-7　2013 年、2016 年天津第三产业分行业产值占比（国家统计局，2016）

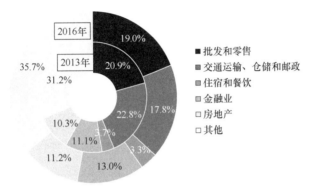

图 4-8　2013 年、2016 年河北第三产业分行业产值占比（国家统计局，2016）

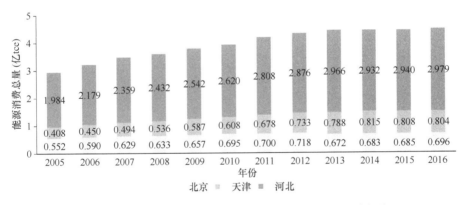

图 4-9　2005~2016 年北京、天津、河北能源消费总量（河北经济年鉴，2017）

又下降到 2016 年的 53%；京津冀区域三地煤炭消费量及京津冀三地煤炭消费量占比情况如图 4-12、图 4-13 所示。可以看出，2005~2016 年京津冀煤炭消费量呈先增后减的趋势；河北省消费了整个区域的约 85% 的煤炭。

《河北经济年鉴（2017）》结果表明，河北的能源消费终端主要以工业终端为主。在河北工业能源消费终端中，2016 年仅六大高耗能行业的能耗就达到 2.05 亿 tce，如图 4-14，仅此一项就高于京津两地能源消费总量。2016 年天津市六大高耗能行业的能耗为 0.43 亿 tce，如图 4-15 所示。

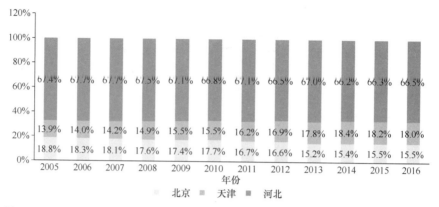

图 4-10　2005~2016 年北京、天津、河北能源消费总量占比（河北经济年鉴，2017）

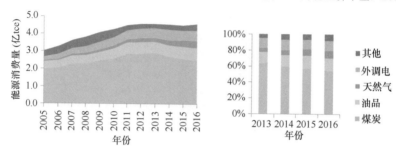

图 4-11　2005~2016 年北京、天津、河北能源消费量（河北经济年鉴，2017）

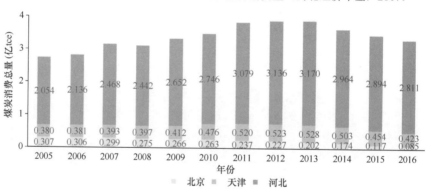

图 4-12　2005~2016 年北京、天津、河北煤炭消费量（河北经济年鉴，2017）

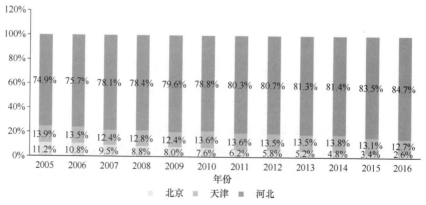

图 4-13　2005~2016 年北京、天津、河北煤炭消费量占比（河北经济年鉴，2017）

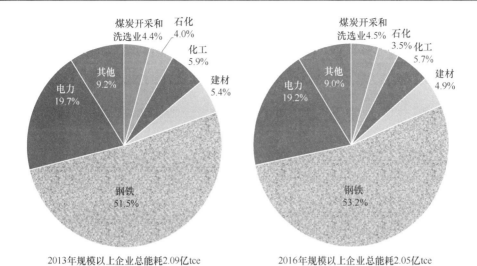

2013年规模以上企业总能耗2.09亿tce   2016年规模以上企业总能耗2.05亿tce

图 4-14 2013 年、2016 年河北主要高能耗行业能源消费占比（河北经济年鉴，2017）

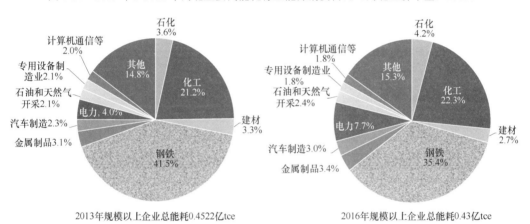

2013年规模以上企业总能耗0.4522亿tce   2016年规模以上企业总能耗0.43亿tce

图 4-15 天津主要高能耗行业能源消费占比

3. 交通运输结构调整情况

在客运及周转量方面，2017 年京津冀区域客运量为 12.64 亿人，其中铁路客运量为 3.03 亿人，公路客运量为 9.60 亿人，水运客运量为 112 万人；2013~2017 年，客运量下降了 1.75 亿人，铁路客运量增加了 0.65 亿人，公路客运量减少了约 2.4 亿人，水运客运量增加了 25 万人（表 4-1）。2017 年旅客周转量为 1802.85 亿人 km，其中铁路旅客周转量为 1390.38 亿人 km，公路旅客周转量为 412.17 亿人 km，水运旅客周转量为 0.30 亿人 km；2013~2017 年，铁路旅客周转量增加，公路旅客周转量持续下降，水运旅客周转量呈现波动（表 4-2）。

在货运及周转量方面，2017 年京津冀区域货运量为 30.08 亿 t，其中铁路货运量 2.66 亿 t，公路货运量 26.14 亿 t，水运 1.28 亿 t；2013~2017 年，货运量增加了 3.19 亿 t，铁路货运量减少，公路货运量减少，水运货运量在 1.17~1.44 亿 t 波动（表 4-3）。2017 年京津冀区域货运周转量 16 509.55 亿 tkm，其中铁路货运周转量 5557.99 亿 tkm，公路货运周转量为 8456.58 亿 tkm，水运货运周转量 2494.98 亿 tkm（表 4-4）。2013~2017 年，货运周转量有浮动，铁路和公路货运周转量都增加，水运货运周转量下降。

表 4-1　京津冀 2013~2017 年客运量　　　（单位：亿人）

指标	客运量	铁路客运量	公路客运量	水运客运量
2013 年	14.39	2.38	12.00	0.0087
2014 年	14.41	2.60	11.80	0.0087
2015 年	13.45	2.67	10.77	0.0077
2016 年	13.06	2.88	10.17	0.0098
2017 年	12.64	3.03	9.60	0.0112

注：数据来源国家统计局

表 4-2　京津冀 2013~2017 年旅客周转量　　　（单位：亿人 km）

指标	旅客周转量	铁路旅客周转量	公路旅客周转量	水运旅客周转量
2013 年	1684.84	1163.57	521.17	0.10
2014 年	1797.34	1279.66	517.25	0.43
2015 年	1744.95	1264.21	480.26	0.48
2016 年	1768.66	1327.88	440.24	0.54
2017 年	1802.85	1390.38	412.17	0.30

注：数据来源国家统计局

表 4-3　京津冀 2013~2017 年货运量　　　（单位：亿 t）

指标	货运量	铁路货运量	公路货运量	水运货运量
2013 年	26.89	3.19	22.53	1.17
2014 年	28.62	3.06	24.18	1.38
2015 年	26.69	2.73	22.52	1.44
2016 年	28.18	2.52	24.26	1.40
2017 年	30.08	2.66	26.14	1.28

注：数据来源国家统计局

表 4-4　京津冀 2013~2017 年货运周转量　　　（单位：亿 tkm）

指标	货运周转量	铁路货物周转量	公路货运周转量	水运货运周转量
2013 年	15 822.60	5 644.44	7 047.78	3 130.38
2014 年	17 323.56	5 574.01	7 533.77	4 215.78
2015 年	15 427.92	4 822.88	7 323.04	3282.00
2016 年	15 460.44	4 768.37	7 828.4	2 863.67
2017 年	16 509.55	5 557.99	8 456.58	2 494.98

注：数据来源国家统计局

　　民用汽车拥有量方面，2016 年京津冀区域民用汽车拥有量为 2067.02 万辆，其中民用载客汽车拥有 1828.95 万辆，民用载货汽车拥有 225.8 万辆。2013~2016 年，民用汽车拥有量持续增加，民用大型载客汽车拥有量和民用重型载货汽车拥有量都增加，民用中型载客汽车拥有量和民用中型载货汽车拥有量减少，民用小型载客汽车拥有量和民用轻型载货汽车拥有量增加，其中民用小型载客汽车拥有量最大（表 4-5）。

表 4-5　京津冀 2013~2016 年民用汽车拥有量　　（单位：万辆）

一级指标	二级指标	2013 年	2014 年	2015 年	2016 年
民用汽车拥有量		1594.98	1735.05	1882.46	2067.02
	民用载客汽车拥有量	1381.94	1522.88	1665.68	1828.95
	民用大型载客汽车拥有量	12.17	12.35	13.30	14.66
	民用中型载客汽车拥有量	15.48	14.61	12.34	11.90
	民用小型载客汽车拥有量	1286.8	1434.33	1590.05	1758.86
	民用微型载客汽车拥有量	67.49	61.58	50.00	43.58
	民用载货汽车拥有量	200.06	199.54	204.86	225.80
	民用重型载货汽车拥有量	63.56	60.78	61.99	69.49
	民用中型载货汽车拥有量	12.88	10.23	9.07	9.12
	民用轻型载货汽车拥有量	122.90	127.81	132.94	146.40
	民用微型载货汽车拥有量	0.73	0.72	0.86	0.80
	民用其他汽车拥有量	12.98	12.64	11.92	12.25

注：数据来源国家统计局

民用运输船舶方面，民用机动运输船 1947 艘，净载重量约 700 万 t；民用驳船运输船数 15 艘，净载重量约为 24 万 t。2013~2016 年，民用机动运输船数量变化不大，净载重量下降，客运能力不变；民用驳船数量减少，但运力基本保持稳定（表 4-6）。

表 4-6　京津冀 2013~2016 年民用运输船舶拥有量

指标	2013 年	2014 年	2015 年	2016 年
民用机动运输船数（艘）	1 935	1 965	2 001	1 947
民用机动运输船净载重量（万 t）	1 177	1 194	1 139	700
民用机动运输船载客量（客位）	19 957	20 768	20 587	20 587
民用机动运输船拖船功率（kW）	77 648	93 411	121 920	131 443
民用驳船运输船数（艘）	22	20	15	15
民用驳船净载重量（万 t）	26	25	24	24

注：数据来源国家统计局

4. 土地利用变更情况

土地利用变更主要围绕"着力优化区域空间开发格局，夯实现代农业发展基础，支撑重点领域率先突破，推进节约集约用地"等方面进行。

为响应京津冀协同发展与优化土地利用。北京市做了大力土地利用调整，截至 2017 年年底，耕地面积为 21.37 万 hm^2，园地面积为 13.28 万 hm^2，林地面积为 74.45 万 hm^2，草地面积为 8.45 万 hm^2，城镇村级工矿用地 30.68hm^2，交通运输用地 4.77 万 hm^2，水域及水利设施用地 7.64 万 hm^2，其他用地为 3.42 万 hm^2。

河北省对土地利用也做出重要调整。截至 2016 年年底，河北省共有农用地 19 603.8 万亩，其中耕地 9780.7 万亩，园地 1251.6 万亩，林地 6898.4 万亩，牧草地 601.9 万亩；建设用地 3328.3 万亩，其中城镇村及工矿用地 2877.0 万亩。2016 年，全省因建设占用、灾毁、农业结构调整等原因减少耕地面积 32.9 万亩，通过土地整治、增减挂钩、工矿废弃地复垦、农业结构调整等增加耕地面积 25.4 万亩。

5. 农业农村面源治理

畜离养殖废水废渣中氮、病原菌及新型污染物等复合污染严重。农业农村地区氨排放主要分为两个部分，即种植业氨排放与养殖业氨排放，在京津冀区域，每年由农业源引发的氨排放为 84.4 万 t，其中种植业引发的氨排放为 43.4 万 t，占总排放量的 51.4%；由养殖业引发的氨排放为 40.9 万 t，占总排放量的 48.5%。此外，由于养殖、种植行业的行业特点，需要大量使用新型化学品去抵抗病虫害，提高产量，所以农业农村污水排放过程中可能伴随着大量病原菌和新型污染物。

农业生产和农村生活废弃物（农作物秸秆、农村三废、污泥等）产生量大，绿色处理率低。在农业生产中，作物秸秆的产生是必然的，在过去农村发展程度不足的情况下，作物秸秆的再利用是秸秆处理的主要方式，一部分用于燃料，一部分用于工业原料，一部分用于饲料，剩下部分也作为肥料进行还田。所以，在过去农村秸秆的处理不是农业发展和农村环境的限制因素，近几十年来，主要由于粮食高产、可替代秸秆工艺发展等因素，造成秸秆大量产生并无法利用。农村生产生活中会造成大量废水、废气和固体废弃物，但是由于配套基础处理设施发展不完善，伴随着监管机制不健全，导致农村三废无法有效收集利用，成为影响京津冀农村地区人居环境改善的突出问题。此外，农村分散污水治理常存在无法有效收集污水的情况，一般工艺所产生的污泥只能通过污泥脱水+外运的方式处理，无法正常运行的处理设施和不能及时收运导致的废物堆存使原本的治污设施变成了污染汇集场所。

京津冀农村地区散煤用量近 4000 万 t 且 85% 以上散煤用于冬天供暖，散煤燃烧排放的污染物是清洁煤燃烧排放污染物的十倍左右。

散煤的缺点在于其不精致的前处理，散煤中包含大量的硫和氮，在燃烧的过程中释放大量二氧化硫和氮氧化物，这对农村地区控制质量造成严重威胁。随着农村生产生活水平的提高，能源消耗大幅提高，在京津冀农村地区冬天农户通常使用家用散煤和中小型燃煤设施取暖，庞大的农村人口基数造成了严重的污染排放。相比散煤，洁净型煤是指对经过配选的低硫、低挥发无烟煤末，加入黏合、助燃、固硫、防水性等添加剂，通过机械加工成型的煤制品。洁净型煤包装后储运不破碎、无污染，燃烧中无烟、无味、无尘。虽然目前京津冀针对"2+26"重点城市开展了大量散煤燃烧排放治理工作，北京、天津、保定、廊坊等城市上万平方公里区域基本实现散煤"清零"，但仍存在许多边角地区治理工作无法即刻到位，农村散煤燃烧的污染治理、能源结构调整仍需要继续推动。

（二）空气质量改善评价

1. 环境治理综合效果

国务院 2013 年召开了《大气污染防治行动计划》，采取了能源结构调整、产业结构调整、交通运输方式调整和土地结构调整等治理措施的协同作用下，京津冀恶劣的空气质量有所好转，只能体现空气质量改善的大气污染物为 $PM_{2.5}$，5 年间的 $PM_{2.5}$ 变化见表 4-7。

表 4-7 京津冀区域 PM$_{2.5}$ 浓度变化

城市	2013 年（μg/m³）	2014 年（μg/m³）	2015 年（μg/m³）	2016 年（μg/m³）	2017 年（μg/m³）	5 年间削减率（%）
北京	90.1	84.8	80.3	73.0	57.8	−35.8
天津	96.0	83.0	69.7	68.6	63.0	−34.4
石家庄	148.5	118.3	88.0	98.3	86.0	−42.1
承德	51.5	53.8	41.8	39.5	34.8	−32.4
张家口	43.1	35.4	33.4	31.5	32.3	−25.2
秦皇岛	65.2	59.5	47.2	46.2	43.9	−32.6
唐山	114.2	100.5	84.3	73.8	66.8	−41.5
廊坊	113.8	98.6	84.8	65.3	60.2	−47.1
保定	127.9	120.3	106.3	92.1	84.2	−34.2
沧州	93.6	87.9	69.9	68.1	66.3	−29.1
衡水	120.6	106.0	98.6	87.1	77.0	−36.2
邢台	155.2	123.6	99.8	86.4	80.8	−48.0
邯郸	127.8	112.4	90.8	80.7	85.8	−32.9

京津冀区域城市在 5 年间 PM$_{2.5}$ 浓度得到削减，石家庄、唐山、廊坊和邢台等城市的 PM$_{2.5}$ 浓度削减率超过 40%，北京、天津、承德、秦皇岛、保定、衡水、邯郸等城市的 PM$_{2.5}$ 浓度削减率超过 30%，张家口和沧州的 PM$_{2.5}$ 浓度削减率超过了 25%。我国空气质量标准规定的二级 PM$_{2.5}$ 浓度为 35μg/m³，2017 年承德、张家口达到国家二级空气质量标准。

2. 治理措施贡献分析

2013~2017 年"大气十条"实施以来，大气污染防治领域实现了一系列历史性的变革，在能源结构调整、产业结构调整、交通运输结构调整、土地利用变更、重大减排工程方面实施了一系列重大举措，取得了良好成效。

大气污染物来源主要在能源燃烧、工业工艺过程会产生大量的大气污染物，传统的钢铁、焦化、石化和建材等行业需要消耗大量的能源，并且其工艺过程中产生了大量的污染物。产业结构调整归咎其结果，限制了不能达标的产业准入，对目前正在导致大气污染的行业进行深度减排，将未能达标的产业直接采取关停措施。同时，鼓励发展节能环保产业，从根本上解决过度依赖污染带来经济发展的模式，从总体的经济体谅上减少大气污染量。

能源结构调整是改善大气环境的重要举措之一，京津冀大气污染的主要来源之一就是化石能源燃烧。当前京津冀主要能源为煤炭，煤炭燃烧排放大量的大气污染物，尽管采取了末端控制手段，但京津冀总体的能源排放的污染物体量大，导致雾霾天气频发。清洁取暖直接目标是减少污染物排放。控制煤炉提升能源利用效率减少煤炭消耗，提升天然气供应能力、大力发展非化石能源、外调电等综合举措，很大程度上削减了煤炭消费的比重，从源头上减少大气污染物排放。

交通运输是导致京津冀大气污染重要成因之一。道路货运和客运、非道路工程车和农用车、机场货运和客运、船舶货运和客运等都会排放大量的大气污染物。由于京津冀已经全部实行了电气化铁路，采取将道路运输转移到铁路运输，相同运力下减少了大气污染物排放，同时，采取铁路和船舶联运措施，船舶运输能力高于公路运输能力，并且船舶排放大气污染物过程主要位于海上，扩散条件相对较好，所以，铁路和船舶运输有助于减少大气污染物排放。针对已经存在的交通运输实际情况，提升燃油标准，淘汰落后的汽车，这有利于减少大气污染物排放。鼓励使用新能源汽车，并且在公路运输、港口和飞机场等场所鼓励全面实行电气化，从运输源头上减少了机动车的使用量，从源头减少了大气污染物排放。

土地利用变更会导致大气污染物增加或者减少，工业用地和农业用地产生的大气污染物不同，工业用地产生多种复合污染物，农业用地主要产生的是化肥导致的氨气污染，总的来说，工业用地导致的污染物要高于农业用地。对于现有的土地利用情况，需要通过土地利用调整或者增加土地绿化等手段来减少污染物排放。尤其对于河北来说，由于降水量相对较少，裸露的土壤比较多，采取土地硬化和恢复绿化产生的效果比较好。北京和天津人口稠密，土地资源量相对较小，采取土地变更以达到效果更好。

京津冀区域各种措施对PM$_{2.5}$浓度降低的贡献如图4-16所示。首先，重大减排工程的浓度贡献最大占所有减排措施对PM$_{2.5}$浓度贡献的45%，其次，能源结构调整的贡献占28%，产业结构调整的贡献占13%，由此可见，能源结构调整及产业结构调整相关措施的减排潜力将大于工程减排的潜力。由于交通运输导致的大气污染排放量较大，所以通过交通运输结构调整能够取得较好效果。土地利用变更能够提升对大气污染物的稀释能力，然而这种依靠自然沉降能力改善大气环境作用相对较弱。

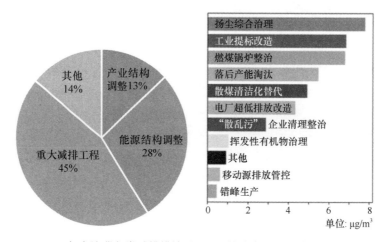

图4-16　2013~2017年京津冀各类减排措施对PM$_{2.5}$的浓度贡献（彩图请扫描封底二维码）

综上所述，针对大气污染治理实际效益分析，环境综合治理贡献从大到小依次为：重大工程、能源结构调整、产业结构调整、交通运输结构调整和土地利用变更。

（三）水环境改善评价

1. 水质改善总体效果

京津冀区域水污染通过能源结构调整、产业结构调整、交通运输方式调整和土地利用变更等多种手段治理，水质获得较大改善。截至2016年年底，京津冀废水排放总量为 54.7 亿 t，北京、天津和河北废水排放量分别为 16.6 亿 t、9.2 亿 t 和 28.9 亿 t。化学需氧量排放量分别为 8.7 万 t、10.3 万 t 和 41.1 万 t。

有机污染物排放量方面，2016 年年底，京津冀化学需氧量排放量 60.2 万 t，相对 2011 年削减了 67%；氨氮排放量为 8.3 万 t，相对 2011 年削减了 49%；总氮排放量为 12.6 万 t，相对 2011 年削减了 76%；总磷排放量为 0.8 万 t，相对 2011 年削减了 90%。

石油类污染物方面，石油类排放量为 613.8t，相对 2011 年削减了 61%；挥发性酚排放量为 11.9t，相对 2011 年削减了 96%。

无机盐污染物排放方面，2016 年，京津冀区域铅排放量为 508.6kg，相对 2011 年削减了 77%；镉排放量为 19.1kg，相对 2011 年削减了 66%；总铬排放量为 5050.6kg，相对 2011 年削减了 46%；砷排放量为 35.5 亿 t，相对 2011 年削减了 73%；六价铬排放量为 2195.3kg，相对 2011 年削减 39%。

2011~2016 年，水污染物排放量呈现减少的趋势，值得关注的是废水中汞排放量保持增加趋势。各污染物具体见表 4-8。

表 4-8　京津冀 2011~2016 年水质污染汇总

北京指标	2011 年	2012 年	2013 年	2014 年	2015 年	2016 年
废水排放总量（亿 t）	14.5	14.0	14.5	15.1	15.2	16.6
化学需氧量排放量（万 t）	19.3	18.7	17.9	16.9	16.2	8.7
氨氮排放量（万 t）	2.1	2.1	2.0	1.9	1.7	0.6
总氮排放量（万 t）	3.3	3.3	3.1	3.7	3.3	1.9
总磷排放量（万 t）	0.5	0.4	0.4	0.5	0.4	0.1
石油类排放量（t）	82.1	51.5	50.4	51.1	35.3	20.8
挥发酚排放量（t）	0.9	0.5	0.5	0.4	0.4	0.1
铅排放量（kg）	186.2	215.9	201.0	41.2	3.6	19.6
汞排放量（kg）	1.7	0.5	0.6	0.1	0.3	1.3
镉排放量（kg）	12.4	17.9	17.5	0.6	0.7	2.0
总铬排放量（kg）	508.7	460.1	438.1	266.7	93.6	69.4
砷排放量（kg）	28.1	21.3	15.1	8.0	11.0	8.2
六价铬排放量（kg）	339.6	325.8	321.3	157.4	79.5	55.3
天津指标	2011 年	2012 年	2013 年	2014 年	2015 年	2016 年
废水排放总量（亿 t）	6.7	8.3	8.4	8.9	9.3	9.2
化学需氧量排放量（万 t）	23.6	22.9	22.2	21.4	20.9	10.3
氨氮排放量（万 t）	2.6	2.5	2.5	2.5	2.4	1.6
总氮排放量（万 t）	3.7	3.3	3.6	3.7	3.6	2.4
总磷排放量（万 t）	0.5	0.4	0.4	0.5	0.5	0.2
石油类排放量（t）	199.6	138.2	118.2	58.8	53.3	38.5
挥发酚排放量（t）	1.3	1.2	1.8	1.1	0.3	0.1
铅排放量（kg）	1459.4	1004.6	101.0	95.6	92.2	155.4
汞排放量（kg）	1.1	3.7	5.7	5.4	98.5	53.5
镉排放量（kg）	9.8	9.6	2.6	2.9	2.1	12.0
总铬排放量（kg）	285.2	453.8	355.8	299.4	292.4	274.0

续表

天津指标	2011 年	2012 年	2013 年	2014 年	2015 年	2016 年
砷排放量（kg）	22.8	19.4	12.6	12.5	26.3	11.3
六价铬排放量（kg）	103.9	169.3	132.9	67.3	51.0	55.5
河北指标	2011 年	2012 年	2013 年	2014 年	2015 年	2016 年
废水排放总量（亿 t）	27.9	30.6	31.1	31.0	31.1	28.9
化学需氧量排放量（万 t）	138.9	134.9	131.0	126.9	120.8	41.1
氨氮排放量（万 t）	11.4	11.1	10.7	10.3	9.7	6.2
总氮排放量（万 t）	45.0	36.0	36.1	38.5	37.8	8.3
总磷排放量（万 t）	6.8	3.9	3.9	4.7	4.6	0.6
石油类排放量（t）	1302.2	986.0	897.5	964.1	1083.3	554.5
挥发酚排放量（t）	308.9	120.3	27.5	33.9	35.1	11.7
铅排放量（kg）	566.5	377.8	346.6	321.7	341.4	333.6
汞排放量（kg）	4.6	5.0	3.6	2.5	76.0	33.1
镉排放量（kg）	33.7	26.6	28.9	14.6	13.4	5.1
总铬排放量（kg）	8480.5	5963.6	5401.0	5650.0	6432.9	4707.2
砷排放量（kg）	78.1	66.3	89.5	52.4	52.0	16.0
六价铬排放量（kg）	3141.3	2870.8	2589.4	2619.3	2686.3	2084.5
京津冀指标	2011 年	2012 年	2013 年	2014 年	2015 年	2016 年
废水排放总量（亿 t）	49.1	52.9	54.0	55.0	55.5	54.7
化学需氧量排放量（万 t）	181.8	176.5	171.0	165.2	157.9	60.2
氨氮排放量（万 t）	16.2	15.7	15.2	14.6	13.8	8.3
总氮排放量（万 t）	52.0	42.6	42.8	45.9	44.7	12.6
总磷排放量（万 t）	7.7	4.7	4.8	5.7	5.5	0.8
石油类排放量（t）	1583.8	1175.7	1066.1	1074.0	1171.9	613.8
挥发酚排放量（t）	311.1	122.1	29.8	35.4	35.8	11.9
铅排放量（kg）	2212.0	1598.3	648.6	458.4	437.1	508.6
汞排放量（kg）	7.4	9.2	10.0	7.9	174.9	87.9
镉排放量（kg）	55.9	54.1	48.9	18.0	16.3	19.1
总铬排放量（kg）	9274.3	6877.4	6194.9	6216.0	6818.9	5050.6
砷排放量（kg）	129.0	107.0	117.2	72.9	89.3	35.5
六价铬排放量（kg）	3586.9	3365.9	3043.6	2844.0	2816.8	2195.3

注：数据来源于国家统计局

2. 治理措施贡献分析

水资源的消耗随着产业结构演化（图 4-17）。前工业期水资源量相对充足，工业化阶段生活、工业和农业需要消耗大量的水资源、后工业阶段水资源利用效率提升而促使水消耗量减少。在工业化阶段中期，原料和燃料动力、低度加工组装、高度加工组装等产业会消耗大量的水资源，而更多的水资源量消耗是在农业。第三产业（尤其是信息产业）发展有利于水资源高效利用，从而降低水资源总量的消耗。

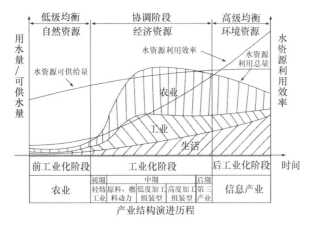

图 4-17　水资源与产业结构演进互动关系简图

来源：水资源与产业结构演进互动关系.蒋桂芹，等

工业发展消耗大量的水资源，2013 年河北省消耗的水量达到 23.3 亿 m³，到了 2016 年消耗的水量为 21.4 亿 m³，整整减少了近 1 亿 m³ 的水量。水资源消耗水比例从大到小依次为钢铁、非金属矿采、电力、黑色金属矿采、化工、煤炭开采、食品、石化等行业，其中钢铁和矿采选业消耗了 60% 以上的水资源，随着产业结构调整，钢铁、非金属矿采等产业的消耗水比重相对减少，主体产业耗水比例见图 4-18。

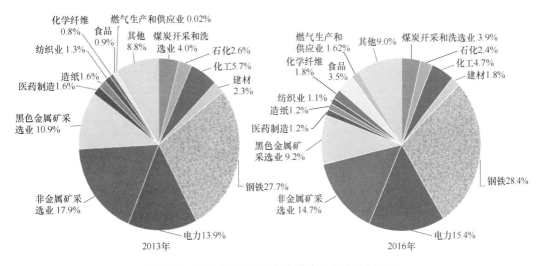

图 4-18　2013 年和 2016 年主体产业耗水比例对比

随着产业结构调整，京津冀区域不仅水消耗总量减少，还是促使工业废水排放量减少，从而能够达到改善水环境目的。主要耗水行业是水污染的主要源头，钢铁行业为产能过剩行业，产业结构调整中限制了该行业的扩展。电力行业的优化，电力耗水量减少，水污染量也在减少。电厂和供热厂都需要消耗大量水资源，同时会带来水污染问题，电厂导致的水污染主要是冷却和供热过程产生的。京津冀区域的火电厂主要是采用水冷却方式，供热也是采用水作为介质。不同发电技术能耗与水耗变化见图 4-19。

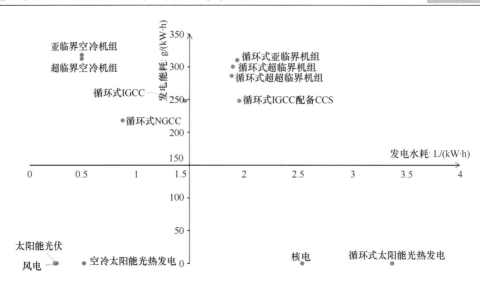

图 4-19　发电技术能耗与水耗对比

工业废水是导致水污染的主导因素，主要废水量排放行业为纺织印刷造纸、化工石化医药、农副食品烟酒加工、采矿业、非金属和金属制品及加工、仪器设备制造和电热水供应等，各分类行业废水排放量贡献见图 4-20。

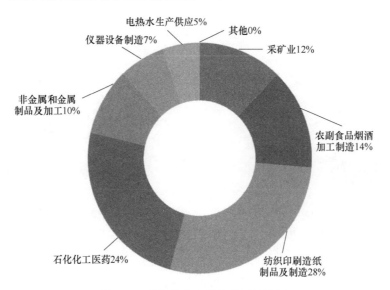

图 4-20　分行业废水排放量贡献比例

产业结构调整降低水消耗总量需求同时降低废水排放量。纺织印刷造纸、石化化工医药等行业排除废水量巨大，废水排放量贡献值为 52%。而仪器设备制造等高端制造业废水消费量相对较少，这表明产业结构调整有利于改善水环境。

能够结构调整对水质改善能力具有较大贡献。尽管火电需要消耗大量的水资源，但是很多水是通过蒸发形式消耗，电热水生产供应行业产生的废水量贡献本身相对较小。能源结构调整直接减少火电厂废水量的排放，同时间接影响能源矿采选业废水量的排放量。

交通运输导致的废水排放量相对小，对水环境影响有限。公路和铁路运输带来的水质污染问题很小，但是船舶运输会导致水体污染，船舶运输基本使用的是汽油、柴油和煤油等内燃机装置，交通结构的调整会将更多的货运转移到河道运输，尤其是转移到远洋船舶运输，在码头船舶装卸过程和运输过程中可能有部分运输货物会泄露导致码头、河流或者海上水体污染。尽管交通运输结构调整可能会加大对内河和海港附近的水体污染，但基本可控，水体污染量相对较小。

土地利用变更同样带来水环境问题，将原来土地利用性质的变动，该土地上能够排放的水质就存在较大不同，从而间接影响排放标准的变更，工厂污水处理要求就变得越来越高，倒逼企业改进生产工艺，减少废水量的排放。整体来说，土地利用是间接影响水环境，排放要求高的土地，会促进水环境的改善。

农业导致的水污染主要是化肥农药，农村主要是生活污水及畜牧养殖等导致的问题，农业农村对水环境影响相对有限。

综上所述，水环境改善改善效果贡献从高到低依次为：产业结构调整、能源结构调整、土地利用变更、农业农村面源治理、交通运输方式调整。能源结构直接降低水耗，间接减少能源开采废水排放；土地利用变更是改变了排放标准而间接导致排放量；农业农村对水环境污染相对可控。

（四）固废处置利用评价

1. 固废处置利用综合效果

京津冀区域的固废处置利用情况获得较大进展（表4-9），据不完全统计，北京、天津、石家庄、秦皇岛、廊坊、沧州和衡水的工业固废处置率分别为100%、98.9%、98.3%、85.2%、100%、100%、100%；北京、天津、石家庄、秦皇岛、廊坊、沧州和衡水的工业危害废物处置率分别为100%、99.3%、97.4%、96.2%、100%、99.1%、99.1%；北京、天津、石家庄、秦皇岛、廊坊、沧州和衡水的医疗废物处置率分别为100%、100%、100%、100%、100%、100%、100%；北京、天津、石家庄、秦皇岛、廊坊、沧州和衡水的城市生活垃圾分别为99.88%、95.8%、100%、100%、100%、100%、100%。

表 4-9 京津冀固废处置利用汇总表

城市	项目	北京	天津	石家庄	秦皇岛	廊坊	沧州	衡水
工业固体废物（万 t）	产生量	599.02	1495	1387.8	1049.93	157.41	634.35	174.45
	综合利用量	440.19	1479	1312.7	860.05	148.62	378.97	172.74
	处置量	158.83		52.1	34.18	8.79	255.5	1.70
	贮存量			23	156.39	0	0.06	0.01
	处置率（%）	100.0	98.9	98.3	85.2	100.0	100.0	100.0
工业危险废物（万 t）	产生量	12.69	41.8	11.4	3.65	3.61	3.26	2.33
	处置量	9.16	12.6	6.8	2.68	2.63	1.2	2.09
	综合利用量	3.53	28.9	4.3	0.83	0.98	2.03	0.22

续表

城市	项目	北京	天津	石家庄	秦皇岛	廊坊	沧州	衡水
工业危险废物（万t）	贮存量		2.7	0.7	0.14	0	0.19	0.02
	处置率（%）	100.0	99.3	97.4	96.2	100.0	99.1	99.1
医疗废物（t）	产生量	36800	13604	6447	2512	1939.69	3511.77	745.14
	处置量	36800	13604	6447	2512	1939.69	3511.77	745.14
	处置率（%）	100	100	100	100	100	100	100
	主要处置方式			焚烧	焚烧	焚烧	气化焚烧	高温蒸汽灭菌
城市生活垃圾（万t）	产生总量	901.75	306.87	77.5	42.5	30.73	97.0991	32.81
	处置总量	900.68	293.97	77.5	42.5	30.73	97.0991	32.81
	处置率（%）	99.88	95.8	100	100	100	100	100
	主要处置方式	焚烧、填埋	焚烧、填埋	焚烧、填埋	焚烧	焚烧	焚烧、填埋	焚烧

注：北京和天津为2017年数据，其他城市为2016年数据

2. 治理措施贡献分析

固体废弃物产生量贡献较大的行业依次为采矿业、非金属和金属制品及加工、电热水生产供应、石化化工医药等，其中采矿业产生固废量贡献量接近一半，非金属和金属制品及加工导致和火电导致的固体废弃物贡献量为20%。农副食品烟酒加工制造、纺织印刷造纸、仪器设备制造等产生的固体废弃物贡献量很少。分类行业固体废弃物产生量贡献见图4-21。

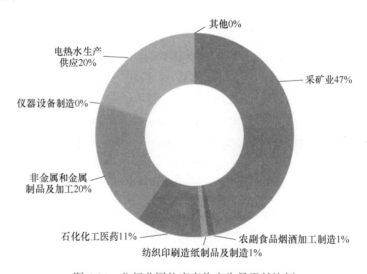

图4-21　分行业固体废弃物产生量贡献比例

产业结构调整能够大幅度降低固体废弃物排放。钢铁、黑色金属和非金属矿采选业等会产生大量的固体废弃物，在这些金属进行提炼时会产生大量废弃物。建材行业也会产生大量的固体废弃物，医药行业也会产生少量固体废弃物。产业结构整体措施是限制传统行业扩展，这些产生大量固废的行业受到限制甚至取缔，这有利于减少固体废弃物的减少，发展绿色产业，循环经济模式能够获得更好的发展空间，固体废弃物的被利用率将会提升。

能源结构调整直接减少火电固废，间接减少能源矿采和石油化工固废排放量。由于石油和天然气燃烧物为气体，所以不直接产生固体废弃物。能源燃烧产生的固体废弃物

主要是煤炭燃烧产生的煤渣，京津冀煤炭消耗量巨大，产生的煤渣量同样巨大，这需要大量的土地来掩埋这些煤渣。煤炭消费量减少，最直接体现就是煤燃烧灰分减少。

交通运输方式调整会在道路码头建设时候产生固废，但总量不大可合理处置利用。在京津冀区域产生固体废弃物地区和固废处理地区具有一定的距离，交通运输方式调整，只会改变固体废弃物运输成本和运输方式，但是交通运输方式本身并未产生固体废弃物，因此，交通运输对固体废弃物治理效果可以忽略不计。

土地利用变化直接影响固体废弃产生量，尤其是矿采行业的固体废弃物产生量，间接影响固体废弃物处理能力，土地利用变更对固体废弃物具有较大影响。根据京津冀土地变更情况，抑制固体废弃物产生，从而达到固废治理效果。

京津冀区域已经基本实现了农业秸秆返田，农村固废主要为生活垃圾。农村生活垃圾总量不大，距离城市较近的地方采取城乡一体化处理，距离比较偏远地区采取封闭焚烧掩埋等方式处理，因此，农业农村面源治理对固废防治效果有限。

综上所述，固体废弃物处置利用效果从高到低依次为：产业结构调整、能源结构调整、土地利用变更、农业农村面源治理和交通运输结构调整。土地利用变更时通过改变土地利用属性，从而间接达到固体废弃物防治效果；交通运输结构调整并未产生固体废弃物，对固废防治效果很小。

二、环境综合治理举措

（一）环境综合治理措施效果评价

尽管不同的治理措施对多重介质导致的复合污染或多或少具有些贡献，但是相同措施所能够带来的综合介质存在较大的差别，为达到环境综合治理目的，环境综合治理措施可以概括为能源结构调整、产业结构调整、交通运输方式、土地利用变更、农业农村治理和重大工程等举措。重大工程已经在中国工程院设立专题研究，因此不对重大工程做深入解析。

为了判定各种环境综合治理效果，采用专家判定权益打分的方法以确定能源结构调整、产业结构调整、交通运输方式、土地利用变更和农业农村面源治理对大气、水环境、固废、生态等防治效果。为了区分不同调整效果的差别，所以将防治措施效果超过30%的称为主导防治措施，20%~30%成为重要防治措施，10%~20%称为中等防治措施，低于10%称为辅助防治措施。采用防治效益权益平均方法，最终确定出多种介质的综合治理效果，环境综合治理效果评价结果见表4-10。

表4-10 环境综合治理效果评价表

防治措施	大气	水环境	固废	生态	综合	经济效益	排序
产业结构调整	重要	主导	主导	辅助	主导	较高	1
能源结构调整	主导	重要	重要	辅助	重要	高	2
交通运输结构调整	重要	辅助	辅助	辅助	辅助	较高	3
土地利用变更	辅助	重要	重要	主导	重要	中	4
农业农村面源治理	中等	中等	辅助	重要	中等	低	5

综合效益评价表结果表明，环境综合治理措施效果从高到低依次为产业结果调整、能源结构调整、土地利用变更、农业农村面源处理和交通运输结构调整。产业结构调整对大气、水环境、固废等都具有较大治理效果；能源结果对大气、水环境、固废等都具有较好效果，但整体效果略低于产业结构；交通运输结构调整对大气治理取得较好效果外，其他介质效果不大；土地利用变更是改变了土地性质，约束了水污染物排放和固体废弃物排放，改善生态环境，从而取得较好环境治理效果；农业农村面源治理对大气、水和生态等都具有好的防治效果。

值得关注的另外一个问题是，不同措施能够带来的经济效益不同。产业结构是城市发展经济基础，发展环保产业能够给当地带来较好的经济效益；能源结构调整，主要是发展绿色能源，增加绿色能源的消纳能力，同样会带来较好的经济效益；交通运输结构调整重点在城市交通客运货运效率提升，能够带来较好的经济效益；土地利用能够带来一定经济效益，土地变更带来的经济效益不具备可持续性；农业治理能够带来一定的经济效益，但是农业整体经济体量较小，农村治理是社会效益，因此农业农村面源治理带来的整体经济效益低。

综上所述，在考虑环境综合治理及经济效益为前提下，环境综合治理措施排序依次为：产业结构调整、能源结构调整、交通运输结构调整、土地利用结构调整和农业农村面源治理。

（二）技术可行的环境综合治理措施

在京津冀环境综合治理过程中，已经取得较大的成效。针对新的京津冀环境变化要求，整理了有关的产业结构调整、能源结构调整、交通运输结构调整、土地利用结构调整和农业农村面源治理的一些具体可行性措施，具体措施见表4-11。

表4-11　技术可行的环境综合治理措施

一级分类	二级分类	环境综合治理目标			
		大气	水环境	固废	生态
产业结构调整	推进产业绿色发展	✓	✓	✓	✓
	优化产业布局	✓	✓	✓	
	严格控制"高耗能高污染"行业	✓	✓	✓	
	退出高污染的一般制造业	✓	✓	✓	
	压减过剩产能和淘汰落后产能	✓	✓	✓	
能源结构调整	构建绿色能源体系	✓	✓		✓
	削减煤炭消费总量	✓	✓	✓	
	强化散煤市场和劣质散煤管控	✓		✓	
	加快燃煤锅炉综合整治	✓	✓		
	提高能源利用效率	✓	✓	✓	
	加快能源清洁化基础设施建设	✓		✓	✓
	有效推进清洁取暖	✓	✓	✓	
	提高外受电能力	✓	✓	✓	

一级分类	二级分类	环境综合治理目标			
		大气	水环境	固废	生态
交通运输结构调整	优化调整交通运输结构	✓			
	大力推进车辆电动化	✓			
	优化城市交通出行结构	✓			
	加强机动车监管和尾气治理	✓			
	加强船舶港口、靠港飞机排放治理	✓	✓		
土地利用结构调整	加强对耕地特别是基本农田保护	✓	✓	✓	✓
	严格控制建设用地规模	✓	✓	✓	✓
	实施"散乱污"企业土地再利用	✓	✓	✓	✓
	持续推进露天矿山综合整治	✓	✓	✓	✓
	实施城市土地硬化和复绿	✓	✓	✓	✓
农业农村面源治理	发展节水农业		✓		✓
	实施农业节肥	✓	✓		✓
	实施农业节药	✓	✓		✓
	实施粪便污染治理	✓	✓	✓	
	实施秸秆综合利用	✓		✓	✓
	实施地膜回收利用			✓	
	加强生态循环农业建设	✓	✓	✓	✓

第五章　京津冀环境综合治理制度保障及建议

一、环境治理体制与制度保障

（一）环境治理体制与制度现状

1. 中央高度重视京津冀区域生态环境保护

2014 年 2 月 26 日，习近平总书记在北京主持召开座谈会强调，实现京津冀协同发展是一个重大国家战略，将京津冀协同发展与"一带一路"和"长江经济带"共同作为我国三大国家战略，明确加强生态环境保护。中央分别成立了京津冀协同发展领导小组和专家咨询委员会。制定发布了一系列规划，包括《京津冀协同发展规划纲要》以及交通、生态环保、产业等 12 个专项规划和若干政策意见，首次编制了《"十三五"时期京津冀国民经济与社会发展规划》。在《京津冀协同发展规划纲要》明确了京津冀的整体定位是"以首都为核心的世界级城市群、区域整体协同发展改革引领区、全国创新驱动经济增长新引擎、生态修复环境改善示范区"。从顶层设计上为疏解首都功能、区域转型升级以及生态环境持续改善做出了统一部署，为京津冀整个区域生态环境保护工作提供了重要保障。2017 年，中共中央、国务院决定设立雄安新区。集中疏解北京非首都功能，探索人口经济密集地区优化开发新模式，调整优化京津冀城市布局和空间结构，培育创新驱动发展新引擎。2017 年 8 月 17 日，北京市人民政府与河北省人民政府签署了《关于共同推进河北雄安新区规划建设战略合作协议》。

2. 国务院及相关部委密集出台生态环保相关规划

2015 年，国家发改委和环境保护部共同编制发布了《京津冀协同发展生态环境保护规划》，从大气治理、水环境治理、生态安全格局以及空间管控和红线体系等多方面对京津冀三省市提出相应措施和具体工作部署，首次规定了京津冀区域生态环保红线，并规定了环境质量底线和资源消耗上线。在空气质量方面，规划要求到 2017 年，京津冀区域 $PM_{2.5}$ 年均浓度应控制在 73μg/m^3 左右。到 2020 年，京津冀区域 $PM_{2.5}$ 年均浓度控制在 64μg/m^3 左右；在水环境质量方面，到 2020 年，京津冀区域地级及以上城市集中式饮用水水源水质全部达到或优于Ⅲ类，重要江河湖泊水功能区达标率达到 73%；在资源消耗上限方面，2015~2020 年，京津冀区域能源消费总量增长速度显著低于全国平均增速，其中煤炭消费总量继续实现负增长。到 2020 年，京津冀区域用水总量控制在 296 亿 m^3，地下水超采退减率达到 75% 以上。

针对京津冀区域严重的大气污染，2013 年 9 月国务院发布了《大气污染防治行动计划》，并编制了《京津冀及周边地区落实大气污染防治行动计划实施细则》，针对工业点源、机动车面源、产业布局、能源结构以及监管手段等方面提出了具体措施。为了保证京津冀区域能实现《大气污染防治行动计划》制定的 2017 年目标，环境保护部与北京、天津、河北三省市于 2016 年 7 月联合发布了《京津冀大气污染防治强化措施（2016—2017 年）》、2017 年发布了《京津冀及周边地区 2017 年大气污染防治工作方案》。强化方案中将北京、保定、廊坊作为重中之重，对三省市提出更加严格的要求，提出了以散煤治理为主的控煤及机动车治理等相关严厉措施。

在水治理方面，2015 年 4 月国务院发布的《水污染防治行动计划》，将京津冀区域作为治理重点区域，在工业集中区水污染治理、农村农业污染防治、再生水利用、地下水超采整治以及监管水平提升等多个方面提出具体要求，并提出"2020 年，京津冀区域丧失使用功能（劣于Ⅴ类）的水体断面比例下降 15 个百分点左右"的目标。2016 年 5 月国务院发布《土壤污染防治行动计划》中指出要将京津冀建设成为土壤污染综合防治先行区。2016 年 11 月，国务院发布《"十三五"生态环境保护规划》以及即将发布的《"十三五"大气污染防治规划》和《重点流域水污染防治"十三五"规划》、《京津冀及周边地区大气污染防治中长期规划》等都对京津冀区域提出了重点工作要求。

总体来看，在过去 3 年，国务院和各部委密集发布了一系列京津冀生态环保规划及相关行动计划、方案、意见及制度办法，从"战略"和"战术"等多个层面为京津冀区域协同发展生态环境保护与治理指明了方向、明确了任务、强化了措施。

3. 京津冀三地分别制定出台生态环境治理规划方案

北京、天津、河北三地高度重视生态环保工作，深入对接国家出台的京津冀协同发展规划纲要、京津冀"十三五"规划和各专项规划，分别出台了一系列的环保规划计划和方案，强化落实中央国家部委措施。

三年来，北京出台了《北京市"十三五"时期环境保护和生态建设规划》《北京市2013—2017 年清洁空气行动计划》《北京市水污染防治工作方案》《北京市土壤污染防治工作方案》《北京市"十三五"新能源和可再生能源发展规划》等规划方案，编制《北京环境总体规划（2015—2030 年）》，开展"大气污染执法年"专项行动等。修订实施大气、水污染防治地方性法规，制（修）订 43 项排放限值全国最严的地方环保标准，出台提高排污收费标准等 38 项经济政策，完成 $PM_{2.5}$ 源解析等重大课题研究，顶层设计、法规约束、标准引领、政策引导、科技支撑能力全面增强。

天津出台了《天津市生态环境保护"十三五"规划》《天津市清新空气行动方案》《天津市水污染防治工作方案》《天津市土壤污染防治工作方案》《天津市大气污染防治条例》《天津市生态用地保护红线划定方案》，坚持依法铁腕治理环境污染，深入推进"四清一绿"行动，即清新空气行动、清水河道行动、清洁社区行动、清洁村庄行动和绿化美化行动，生态宜居水平不断提升。同时，天津与沧州、唐山分别签订大气污染联防联控合作协议，对口支持燃煤设施和散煤治理，提供技术援助；与河北达成一致意见，将建立引滦入津上下游横向生态补偿机制。

河北作为京津冀生态环境治理的重点，着眼于现实急需，将环境保护作为率先突破工作之一，2016 年 1 月 10 日河北高级人民法院自觉把法院工作融入"京津冀协同发展"和"一带一路"建设等大局中统筹谋划、协调推进，坚持以法治方式保障人民群众合法权益、捍卫社会公平正义、促进社会和谐安定。此外，"京津冀协同发展"也写入了河北省人民检察院的工作报告。2016 年 2 月发布了《河北省建设京津冀生态环境支撑区规划（2016—2020 年）》，出台了《河北省推进京津冀协同发展规划》《河北省生态环境保护"十三五"规划》《河北省大气污染防治行动计划实施方案》《河北省大气污染深入治理三年（2015—2017）行动方案》《河北省水污染防治工作方案》《河北省"净土行动"土壤污染防治工作方案》等规划和专项计划，各地市也陆续出台了大气、水环境质量达标行动计划或方案。河北省积极参与环保机构垂直管理改革试点，制定了《河北省环保机构监测监察执法垂直管理制度改革实施方案》；将环境保护督察作为推动生态文明建设的重要抓手，印发《河北省环境保护督察实施方案（试行）》，科学治污、协同治污、铁腕治污，构建共建共享、标本兼治的生态保障机制。

4. 若干生态环保重大改革制度得以推动实施

（1）体制机构改革稳步推进。加强体制机构创新，成立京津冀及周边地区大气污染防治协作小组暨水污染防治协作小组，正酝酿成立区域环保机构、大气管理局，共同推进区域生态环境治理工作。2016 年 9 月，中共中央办公厅、国务院办公厅印发了《关于省以下环保机构监测监察执法垂直管理制度改革试点工作的指导意见》。河北作为改革试点省份之一，率先在 2016 年 12 月制定了《河北省环保机构监测监察执法垂直管理制度改革实施方案》，切实做好河北省环保机构监测监察执法垂直管理制度改革工作。

（2）推进工业污染源全面达标排放计划。环境保护部印发《关于实施工业污染源全面达标排放计划的通知》要求："到 2017 年底，钢铁、火电、水泥、煤炭、造纸、印染、污水处理厂、垃圾焚烧厂等 8 个行业达标计划实施取得明显成效"；"到 2020 年底，各类工业污染源持续保持达标排放，环境治理体系更加健全，环境守法成为常态。"中共中央政治局常委、国务院副总理张高丽出席在北京召开的京津冀及周边地区大气污染防治协作小组第六次会议暨水污染防治协作小组第一次会议并讲话指出，京津冀区域要突出抓好重点行业综合整治，实施工业污染源全面达标排放计划，强化"高架源"监管，限期完成"散乱污"企业的清退工作。

（3）推进排污许可证制度先行试点。为推动京津冀区域大气污染防治工作，环境保护部决定京津冀部分城市试点开展高架源排污许可证管理工作。2017 年 1 月，环境保护部发布《关于开展火电、造纸行业和京津冀试点城市高架源排污许可证管理工作的通知》，要求 2017 年 6 月 30 日前，完成火电、造纸行业企业排污许可申请与核发工作，依证开展环境监管执法；京津冀重点区域大气污染传输通道上"1+2"重点城市（北京、保定、廊坊）完成钢铁、水泥高架源排污许可证申请与核发试点工作。从 2017 年 7 月 1 日起，现有相关企业必须持证排污，并按规定建立自行监测、信息公开、记录台账及定期报告制度。

（4）深入实施中央环保督察制度。近三年，环境保护部在污染较为严重的冬季出动督察组对京津冀及周边地区开展大气环境治理。其中 2014 年派驻 12 个督察组，对钢铁、煤化工、平板玻璃、水泥等重点行业整治和施工场地、原煤散烧等情况进行检查和曝光。2015 年派出 14 个督察组赴京津冀及周边地区等开展现场督察。2016 年，中央环保督察组成立，并首先对河北开展环保督察，另外随后分批对河南、北京开展环保督察。2017

年 2 月，由环保部联合相关省（市）组成 18 个督查组，分成 54 个小组对京津冀 18 个城同步督查工作，切实督促地方落实大气污染防治责任。

（5）开展资源环境承载力监测预警机制试点。开展京津冀区域资源环境承载力监测预警试点工作，完成资源环境承载力评价报告。明确河北、北京怀柔区为国家自然资源资产负债表编制试点地区，开展自然资源资产负债表编制试点工作。

（6）率先启动划定生态保护红线。2017 年 2 月，中共中央办公厅、国务院办公厅印发《关于划定并严守生态保护红线的若干意见》，要求划定并严守生态保护红线。该意见明确生态保护红线的"时间表"。其中要求 2017 年年底前，京津冀区域、长江经济带沿线各省（直辖市）划定生态保护红线。

（7）开展准入负面清单编制。2015 年 10 月，国务院印发《关于实行市场准入负面清单制度的意见》。《意见》提出，按照先行先试、逐步推开的原则，从 2015 年 12 月 1 日至 2017 年 12 月 31 日，在部分地区试行市场准入负面清单制度，从 2018 年起正式实行全国统一的市场准入负面清单制度。京津冀区域作为我国污染最为严重区域，均已逐步对高耗能、高污染排放的行业实行准入负面清单工作。

（8）开展京津冀区域战略环评。2015 年 10 月 28 日环境保护部宣布启动京津冀、长三角、珠三角三大地区战略环评项目。三大地区是我国经济发展的重心所在，也是环境矛盾最凸显，公众环保需求最强的地区，是经济和环境双转型最迫切的地区。针对三大地区的战略环评，将围绕环境质量改善、生态安全水平提升两大任务，严守三条"铁线"，对区域性、累积性环境影响和中长期生态风险进行评估。

（9）大气专项重点向京津冀区域倾斜。科技部国家重点研发计划"大气污染成因与控制技术研究"重点专项 2016 年度支持了"京津冀区域大气污染物同化预报技术研究（青年项目）""北京市霾污染条件下 PAN 的变化特征及其源汇研究""北京及周边地区大气复合污染动态调控与多目标优化决策技术""大气环保产业园创新创业政策机制试点研究""大气重污染综合溯源与动态优化控制研究"等多项京津冀相关项目，围绕京津冀等区域开展区域大气环境监测数据共享技术及应用、大气污染联防联控技术示范等研究。

（10）应急执法监管力度大大加强。在大气污染防治方面，京津冀及周边七省区市建立重污染预警会商平台，北京、天津和河北均修订了《天津市重污染天气应急预案》，实现京津冀预警分级标准统一。为加强京津冀环境执法力度，三地环保部门联合制定《京津冀环境执法联动工作机制》，从定期会商、联动执法、联合检查、联合后督查和信息共享等方面实现协同治污。水污染防治方面，京津冀加强区域水环境监测网络建设，建成一批河流断面水质自动监测站，完成跨界河流监测断面优化布设，定期联合开展监测。为加强水污染治理，三地联合签署了《京津冀凤河西支、龙河环境污染问题联合处置协议》，提升了跨京津冀水污染纠纷和突发水污染事件的管控能力。为实现京津冀三地环保一体化，北京市环境保护局、天津市环境保护局和河北省环境保护厅三部门协商建立了"联动工作机制"。领导小组每半年会商一次，领导小组办公室每季度会商一次。三省（市）环境保护局（厅）每年各牵头组织 1~2 次联合检查行动，互派执法人员到对方辖区开展联合检查。

(二)环境治理体制与制度挑战

体制机制障碍和政策壁垒导致京津冀三地在经济发展与生态环境保护方面"与邻为壑"。

一是地位不平等、经济发展水平差距大,受政治地位、财税体制、政绩考核等因素影响,区域层面的环境与发展综合决策机制难以形成,三地对环境保护的动力是各不相同。

二是公共服务水平和社会保障政策的"断崖式落差"增加了首都功能疏解的难度,也减弱了疏解的效果,导致"职住分离""钟摆人口"等现象的产生,难以降低区域整体资源消耗和污染排放强度。

三是区域内环境标准、环境执法、产业准入等缺乏协调,有利于区域生态环保的价格、财税、金融等政策不健全,不能对区域内的产业结构、产业布局形成有效引导和约束。

四是区域内未能形成完善的生态补偿机制,导致生态涵养区无法有效利用生态优势实现自身良性发展,特别是为京津提供水源涵养和生态屏障的张承地区未能与受益地区建立符合市场原则的制度性安排。

五是区域环境监管能力薄弱,城市之间环境管理协调不足、缺乏联动。

造成京津冀区域严峻生态环境形势的深层次原因主要表现在:一是利益不均衡,经济发展与生态环保不能有效平衡,各地"重发展、轻环保"的落后政绩观仍根深蒂固,尤其是河北作为经济落后地区,面临经济发展和环境保护的双重压力,一些地方至今仍不顾资源环境后果,一味发展经济的冲动还在。二是缺乏顶层设计与协调机制,京津冀三地始终没有走出"现有行政区"掣肘,城乡布局与产业发展缺乏整体统筹设计,发展功能紊乱,各自为战,产业准入标准、污染物排放标准、环保执法力度、污染治理水平存在差异,缺乏联防联控共治的协同机制。三是京津冀生态环保的责任与义务缺乏合理明晰的制度化保障。三地都以自我利益最大化为准则,市场经济的力量在政治和行政权力下失去效能。特别是河北矛盾最为尖锐,各自生态环保的权利责任界定不清晰,缺乏利益协调、合作共赢的生态补偿制度保障,难以真正形成生态环境协同保护的利益平衡。

(三)京津冀环境治理体制与制度保障

1. 建立区域生态环境保护协作机制

区域内环境标准、环境执法、产业准入等缺乏协调,不能对区域内的产业结构、产业布局形成有效引导和约束。因此,需要建立有效的京津冀区域协作机制,从加强区域环境监管一体化,跨区域联合执法和应急协调,环境信息标准与信息共享机制提出创新保障机制。从跨区域环境管理机制,区域生态环境保护专项基金、区域生态补偿机制,区域性环保立法,统一区域环保标准等方面提出管理和政策创新要求。

1)健全环境管理体制

建立京津冀区域生态环境保护协调机制。本着三方利益平等的原则,打破行政体制的分割，以京津冀及周边地区大气污染防治协作机制为基础，承担区域内外环境保护综合协调职能。

成立京津冀区域生态环境保护管理机构。围绕京津冀区域生态建设与环境保护规划的实施，加强该地区的统筹组织、协调配合、协作攻关等；在把握全局、统一分工下，实施对本区域内跨行政单位、涉及多个部门的重大环境事项的组织协调；定期评估京津冀区域生态建设与环境保护的工作进展，实施对区域内各地各部门的环保工作考核。赋予环保部门前置审查，对地区经济发展与建设项目的提前介入，对不符合环保要求项目的一票否决等。

建立京津冀区域环境保护的责任机制，形成各地环境管理既统一目标又分工协作的统一协调格局。进行区域环境责任分解，落实考核体系，完善环境责任追究制度。进一步充实环保工作力量，明确各部门的制度建设，建立党政一把手亲自抓、负总责、各级各部门分工负责的环境目标责任制。逐步形成政府监管、企业负责、公众监督的监管体制。

理顺环境保护执法监督管理体系。建立区域性环境保护执法联络机构，实现决策、执行、监督互动协调，责、权、利相匹配的环境保护协调机制。减少地区、部门间的行政摩擦，解决环境生态建设管理多头分散问题，改进行政管理效率。

2）建立跨区域环境保护合作机制

（1）构建区域环境科研平台

整合京津冀科研资源，孕育大科学。充分利用京津冀科研院所，特别是国家有关机构的环境科研力量，通过资源整合与信息共享等机制，建立京津冀区域一体化环境科研合作、交流平台，进一步强化科技支撑。突出科研平台各组成单位的优势力量，形成差异化、联动化的科研链条，鼓励跨区域联合申请环境科学大项目、攻关环境难题。

创新京津冀人才联动机制，打造大环境。统一区域环保人才政策，切实推进区域环保人才合作培养、交流对话、挂职考察。针对性实施合理可行的人才安置补偿机制，切实推动区域内高中端人才的自由流动。加大对环境科学研究的财政支持力度，在区域内相关科研计划及专项中，联合设立生态及环境相关的基础性、前瞻性、应用性研究项目和针对性攻关专题，加强区域污染防治基础性和综合决策研究。

推动京津冀成果转化，培育大产业。加强环境科研自主创新能力建设，构建区域自主知识产权及专利池，推动区域环境科技成果的应用转化，支撑京津冀区域环保产业的发展。加大对区域新型环境问题的防控，辅助区域性相关环境政策的研究和区域内环保及相关产业的发展指导目录的制定。配套建立环保技术及成果信息发布与咨询服务体系，及时向社会及企业发布有关环境保护和节能减排的科研动向、技术成果、政策导向等方面的信息，促进环保产业的发展和环保技术与设备的推广应用。

（2）建立专家研究咨询平台

建立由多学科专家组成的环境与发展咨询平台（如专家委员会、建立咨询研究机构，专家委员会和研究机构的主要成员可包括：区域内外有影响力的专家与大学和研究所人员），实施环境与发展科学咨询制度，研究京津冀区域生态建设与环境保护工作实施过程中遇到的困难，寻求解决方案，为京津冀区域生态建设与环境保护工作提供支持。

借助多方社会力量，发展政府、学术机构、企业、公众等多方面的"环境同盟军"。

在政府、学术机构和企业之间形成良好的各方"对话"平台和"伙伴关系"，加强政府、学术机构、企业、公众在环境管理方面的交流和沟通，为有效解决京津冀区域环境保护群策群力。

3）建立跨区域的联合监察执法机制

建立跨区域的环境联合监察执法工作制度。建立京津冀区域内同一部门执法监察主体之间全面、集中、统一的联合执法长效机制，协作配合、共同执法，联合查处跨行政区域的环境违法行为。构建京津冀区域环境监察网络，成立京津冀区域大区督察中心，协调京津冀区域环保执法工作，打破行政区划下各地区各自为政的局面，全面督察区域内重大环境污染与生态破坏案件，帮助地方开展跨省区域重大环境纠纷的协调。设置区域性和流域性的执法机构，着重解决好跨省市区域和流域污染纠纷问题，如京津冀共同流域区的生态环境与经济发展间的矛盾问题。统一区域内环保监察执法尺度，建立统一的环保行政案件办理制度，规范环境执法程序、执法文书，加强环境监察执法信息的连通性。

建立会同其他相关部门的区域内联动环境执法机制。联合环保、公安、工商、卫生、林业等部门建设横向执法体系，协调相关部门齐抓共管，建立各部门之间的联动机制，将环境执法关口前移，形成高效执法合力。完善环境行政执法部门与司法机关的工作联系制度，加大打击环境犯罪行为力度，对严重的环境违法行为依法追究刑事责任。探索联合执法、交叉执法等执法机制创新，推进打击环境污染犯罪队伍的专业化。在环境质量出现异常情况或发现环境风险的情况下，启动有效可行的联动执法机制。

4）提升区域环境监测预警与应急能力

提升区域内环境预警和应急能力。建立各类环境要素的环境风险评价指标体系，开展区域环境风险区划，制定环境风险管理方案和环境应急监测管理制度。建立环境应急监测与预警物联网系统，强化环境监测数据的应用与综合分析预警。加强对重要水源地及生态红线区域的环境质量监控预警，建立畅通的环境事故通报渠道。加强人员培训，完善水、大气应急处理处置队伍。

建立跨界的大气、地表水、地下水等环境预警协调联动机制。强化以流域、区域污染为背景的突发环境事件的应急响应机制，联合开展跨界环境突发事件的应急演练，加强区域组织指挥、协同调度、综合保障能力。对区域应急实行统一指挥协调，对生态环境监测仪器、应急物资等环境应急设施实现紧急共享与统一调配，对预警应急数据进行统一管理，建成突发性环境事故应急监测体系，着力提高区域环境事件应急处置水平。

5）建立完善的区域性环境信息共享网络

建立京津冀区域统一的环境信息网络。提升区域环境信息标准化建设，强化环境统计分析应用水平。实现区域间、部门间环境信息网络互联互通，提高信息数据综合利用率。加强区域环境信息工程建设，提高跨区域环境信息传输能力和安全保障能力，建立区域内环境信息资源共享机制。继续建立并完善京津冀环境空气质量预报平台，实现空气质量预报与污染趋势预测。建立京津冀区域环境信息统一发布平台，通报设计跨区域（流域）的水文、气象、环境质量、重大污染源、环境违法案件等信息，扩大公众对区域内环境问题的知情权和参与权。

构建跨区域的集业务协同、信息服务和决策辅助为一体的信息化工作平台。综合考虑京津冀区域空间地理数据、环境监测预警数据、污染源数据、环境事故数据、电子政务数据及其他环境相关资源数据，建立完善一体化环境大数据分析平台，实现环境信息系统从单项业务独立运行向协同互动型转变，全面推进区域环保业务管理的信息化。

2. 完善政策法规制度

按照生态文明建设的要求，研究制定有效划分各级政府在经济调节、环境监管和公共服务方面的主要职责，正确引导政府领导干部在注重经济增长速度的同时，更加注重资源节约和环境保护。逐步完善干部政绩考核制度和评价标准体系，实行领导责任制和资源环境问责制。重点将节能减排和环境保护作为考核内容，明确各级政府节能减排工作目标，建立节能减排目标责任评价考核体系，制定有关约束和奖励政策。

1）完善法规标准

（1）完善环保法规。落实新环保法的要求，尽快制定针对京津冀区域的发展循环经济、推广清洁生产、控制农业面源污染、生态公益林建设、排污权交易、水源地保护等地方性法规；完善植被保护、水源地保护、节约用水的奖惩制度和流域保护、耕地集约管理、放射性污染等方面的规章和实施方案。建立健全生态补偿机制，制定切实有效的地方生态补偿制度。尽快启动《京津冀区域环境保护条例》的制定工作。

（2）完善环保标准。紧紧围绕环京津冀区域产业结构战略性调整和大气、水、生态、土壤等环境保护重点，针对本区域污染物排放特征和环境管理需求，完善地方环保标准体系。在官厅水库上游、密云水库上游水源保护区等生态环境保护区和敏感区域设立红线区域，继续深化对冶金、建材、化工、采矿等重污染行业环境保护准入制度，制定本区域的各类产业发展的企业准入要求，完善或严格重点行业和区域污染物排放标准或规范。完善落后产能退出政策与标准（目录），规范"区域限批""企业限批"措施。全面推进企业清洁生产强制审核，实施节能节水等合同管理政策措施，有效促进污染防治由末端治理控制向全过程控制延伸。积极推进以首都北京大气环境保护标准为参考，在京津冀区域内逐步衔接各地区的各种排放标准和污染物限值标准。

（3）推行全面的环境准入制度。以环境承载力为依据，全面建立环境准入机制。以空间环境准入，优化产业空间布局，促进区域生产力布局与生态环境承载力相协调；以总量环境准入，统筹产业发展的环保要求，增强各种政策法规和规划之间的环境协调性；以项目环境准入，杜绝"两高一资"建设项目，促进经济结构转型升级。

把主要污染物排放总量控制在环境容量以内，建立实行各类发展项目（企业）的环境准入和退出政策与标准（目录），规范"区域限批""企业限批"措施。禁止建设高能耗、高物耗、高污染的项目，限制现有"三高"产业外延扩张，鼓励发展资源能源消耗低、环境污染少的高效益产业，大力发展战略新兴产业与第三产业，实现增产不增污或增产减污，并大大提高其所占比重。综合运用技术、经济、法律和必要的行政手段，做好污染企业的淘汰、并转等退出工作，为发展腾出环境容量。

充分利用污染减排的倒逼机制，提高产业的资源环境效率，在严格实施地方准入标准和淘汰计划的同时，集合经济激励或补偿政策，引导重污染企业主动退出。要以节能减排和总量控制为手段，为高科技、高技术含量、高效益、低污染或无污染的大项目、好项目留足发展空间，规避发展过程中的环境风险。

2）落实环境保护责任

环境保护是各级人民政府的法定责任。要坚持党政"一把手"亲自抓、负总责和行政首长环保目标责任制。强化地方政府环境目标责任考核，不断提高环保考核在地方政绩综合考核中的权重，对关键环保目标指标考核实行"一票否决"制。各级人民政府主要领导和有关部门主要负责人是本行政区和本系统环境保护的第一责任人。各级人民政府、各有关部门要确定一名领导分管环境保护工作。各级人民政府主要领导每年要主动向同级人大常委会专题汇报环境保护工作。有关部门负责人每年要向同级人民政府专题汇报各自职责内的环境保护工作。下级人民政府每年要向上一级人民政府专题汇报环境保护工作。各级人民政府要支持环境保护部门依法行政，每年要专门听取环境保护部门工作汇报，解决存在的问题。完善各级政府实施环境保护相关规划和计划的评估机制，定期向同级人大报告各种环境保护相关规划和计划的执行情况。建立和完善地方政府对环境质量负责的制度措施，主动作为，大力调控，建立强势环境政府。

3）强化环保目标考核

通过预警落实责任和加大考核环保指标比重，不断健全环保约束机制。大幅度强化与考核地方政府环境绩效、评估规划实施成效、反映区域环境质量变化的能力建设考核，增加质量目标的内容。考核结果作为市、县党政领导班子及其成员绩效考核的重要指标。建立环境保护和生态建设责任追究制度，对因决策失误、未正确履行职责、监管工作不到位等问题，造成环境质量明显恶化、生态破坏严重、人民群众利益受到侵害等严重后果的，依法追究有关领导和部门及有关人员的责任。

4）强力应对环境违法行为

完善环境保护问责制，落实《环境保护违法违纪行为处分暂行规定》（监察部、国家环境保护总局令第10号），严肃查处失职、渎职和环境违法行为。重点查处违反环境保护法律法规、包庇或纵容违法行为、损害群众环境权益的案件，着力解决地方政府的环境违法行为和监管不力等问题。

集中开展环保专项行动后督察。对环保专项行动以来查处的环境违法案件和突出环境问题整治措施落实情况、环保重点城市饮用水源地、已经被取缔关闭企业（生产线）停电、停水、设备拆除等措施的落实情况开展后督察，整改不到位、治理不达标的，一律停产整治。

以促进污染减排为目标，集中开展城镇污水处理厂和垃圾填埋场等重点行业专项检查。严肃查处污水处理厂建成不处理直接排污、超标排污和污泥直排等环境违法行为；彻查已建成的生活垃圾填埋场规模、防渗措施、渗滤液排放等环节。

以让不堪重负的江河湖海休养生息为目标，集中开展重点流域污染企业的专项整治。对重污染流域仍然超标排放水污染物的企业，责令其停产整治或依法关闭；对不符合国家产业政策的造纸、制革、印染、酿造等重污染行业企业进行检查，凡仍未淘汰的落后产能，依法责令其关闭；对2007年以来水污染防治设施未建成、未经验收或者验收不合格即投入生产使用的建设项目，责令停止生产使用。

3. 加强制度创新

1）创新环保管理机制

建立环境与发展综合决策机制。综合决策机制是人口、资源、环境与经济协调、持续发展这一基本原则在决策层次上的具体化和制度化。通过对各级政府和有关部门及其领导的决策内容、程序和方式提出具有法律约束力的明确要求，可以确保在决策的"源头"将环境保护的各项要求纳入到有关的发展政策、规划和计划中去，实现发展与环保的一体化。

建立部门间环境与发展联席会议制度。在京津冀区域内建立国务院各相关部门和京津冀三地的环境与发展联席会议制度，就环境与经济重大问题进行协商对话，综合决策。它可以是少数关键部门之间的磋商和会审，也可以是很多相关部门的综合讨论，主要是为了沟通信息和进行决策。部门间联席会议应由综合经济部门和环保部门牵头，不规定会议周期，有需要就举行。例如，就计划在京津冀区域内上马的重大建设项目，在进入法律要求的环境影响评价程序之前，可以由协调机构出面召开职能部门间环境与发展联席会议，讨论总体方向性问题。平时还有很多涉及区域经济发展与环境保护的重大问题，也可通过这些联席会议进行沟通。

推进规划环境影响评价制度。编制土地利用总体规划，城市总体规划，区域、流域和海域开发规划，在规划编制过程中要组织进行环境影响评价，对规划实施后可能造成的环境影响作出分析、预测和评估，提出预防或减轻不良环境影响的对策和措施，否则不予审批。编制工业、农业、畜牧业、林业、能源、水利、交通、城市建设、旅游、自然资源开发等有关专项规划，要在规划草案上报审批前，组织进行环境影响评价；对可能造成不良环境影响并直接涉及公众环境权益的规划，要在该规划草案报送审批前，举行论证会、听证会或者采取其他形式，征求有关单位、专家和公众对环境影响报告书草案的意见。在审批专项规划草案、作出决策前，先召集相关部门代表和专家组成审查小组，审查环境影响报告书。审查小组要提出书面审查意见。在审批专项规划草案时，要将环境影响报告书结论以及审查意见作为决策的重要依据。在审批中未采纳环境影响报告书结论以及审查意见的，要作出说明，并存档备查。对环境有重大影响的规划实施后，规划编制机关要及时组织环境影响的跟踪评价，并将评价结果报告审批机关；发现有明显不良环境影响的，要及时提出改进措施。

环境信息公开机制。公众参与是解决环境问题的根本途径，也是"十二五"期间京津冀区域地区环境保护管理创新的重要内容之一。一方面，政府管理与公众行动相结合，能够增强环境保护的力量。如果每个社会成员都能够从我做起，在决策时充分考虑环境保护的要求，在行动中切实贯彻国家与地方的环境保护法律和政策，就会在全社会逐渐形成自觉的环境保护道德规范，这对于保护环境，实现京津冀区域可持续发展无疑将会具有根本性的意义。另一方面，公众参与也可能增加管理的复杂程度，特别是在首都周边地区公众对环境质量的期待值高，但市场经济下形成的"无利不起早"的观念导致公众主动参与环境保护的积极性不高，因此关键是制定政策，吸引并引导公众参与环境保护。与此同时，公众参与机制的建立有利于化解公众之间、公众与企业之间、公众与政府之间在环境领域不必要的矛盾与冲突、防范环境风险，促进本地区经济社会的和谐发展。

区域环境科技创新机制。随着京津冀区域社会经济的不断发展和资源环境矛盾的日益加剧，区域科技创新能力已成为地区提高环境保护能力、获取竞争优势的决定因素。不断增强区域科技创新能力，从根本上提高环境质量和其经济竞争力，已成为促进区域发展的关键。建设区域科技创新体系，最大限度地提高创新效率，降低创新成本，使创新所需的各种资源得到有效的整合利用，各种知识和信息得到合理的配置和使用，各种服务得到及时全面的供应，是大幅度提高区域创新能力和竞争力的根本途径，也是把国家目标与本地区发展结合起来，提高国家整体创新能力和竞争力，大力推进国家创新体系建设的重要内容。

创新京津冀生态环境保护融资手段。尽快开征生活垃圾处置费，提高污水处理收费标准，利用垃圾处置费和污水处理费收取权质押贷款等试点，探索对新建环保项目推行 BOT、TOT，基础设施资产证券化（ABS）等多种社会融资方式，促进饮用水、污水处理等具备一定收益能力的项目形成市场化融资机制。积极促进企业发行债券融资，吸引国家政策性银行贷款、国际金融组织及国外政府优惠贷款、商业银行贷款和社会资金参与京津冀发展建设。以环境为依托进行资本运作，大胆尝试和探索经营城市环境的新途径，通过环境改善，促使环境资本增值，实现环境与经济的良性循环发展，谋求多方共赢。

2）严格资源环境生态红线管控制度

划定生态保护红线能够对京津冀区域的生态空间保护和管控进一步细化，从根本上预防和控制不合理的开发建设活动对生态系统功能和结构的破坏，从而为构建区域生态安全格局、优化区域空间开发结构、实现区域协同发展提供制度支撑和科学依据。

（1）生态功能重要性红线。包括水源涵养、水土保持、防风固沙、防洪蓄洪等生态服务功能极重要的区域，以及各级自然保护区、风景名胜区、森林公园、自然文化遗产、水源保护地等。保护和管控任务在于加大区域自然生态系统的保护和恢复力度，恢复和维护区域生态功能。

（2）生态环境敏感性红线。包括水土流失极敏感区、沙漠化极敏感区、重要的湿地区域、地质不稳定区域、生物迁徙洄游通道与产卵索饵繁殖区等。如北京市密云区、怀柔区、大兴区、房山区、通州区以及城市核心区的重要水源涵养地和沙漠化极敏感区，天津市、河北省零碎分布的重要湿地区、水土流失极敏感区、地质不稳定区等。这部分区域对人类活动极其敏感，轻微的人类干扰也会导致这些区域的生态状况发生难以预测的变化，因此需要划定为生态红线进行重点保护和禁止开发。保护和管控任务在于加强生态保育，控制生态退化，增强生态系统的抗干扰能力。

（3）生态环境脆弱性红线。是指在两种不同类型生态系统的交界过渡区域，有选择地划定一定面积作为生态红线，这部分区域生态系统抗干扰能力弱、对气候变化极其敏感。京津冀生态红线脆弱区范围涉及坝上农牧交错生态脆弱区（主要分布于河北省张家口、承德两市北部）、燕山山地交错生态脆弱区（主要分布于天津蓟县）和沿海水陆交接带生态脆弱区（主要分布于天津、秦皇岛、唐山的滨海区域）。保护和管控任务在于维护区域生态系统的完整性，保持生态系统过程的连续性，改善生态系统服务功能，促进脆弱区资源环境协调发展。在坝上农牧交错生态脆弱红线区和燕山山地林草交错生态脆弱红线区内，实施退耕还林还草工程，加强退化草场的改良和建设。在沿海水陆交接带生态脆弱红线区内，加强滨海生态防护工程建设，构建近海海岸复合植被防护体系，严控开发强度。

3）健全多维长效跨域生态补偿机制

以科学发展观为指导，以保护京津冀生态环境、促进人与自然和谐发展为目的，依据京津冀区域的生态系统服务价值、生态保护成本、发展机会成本，把积极探索生态补偿机制作为体制机制创新的重要环节。结合国家生态环境保护和生态补偿动态和需求，在理清京津冀区域生态环境保护补偿现状与实际需求的基础上，从主体确定、补偿方式、补偿资金来源、补偿标准确定依据、资金分配、资金使用、资金管理、监督考评等方面，开展京津冀区域生态补偿机制研究，协调好中央与地方、政府与市场、生态补偿与扶贫、"造血"补偿和"输血"补偿、新账与旧账、综合平台与部门平台等相关利益群体关系，落实生态环境保护责任，探索解决生态补偿关键问题的方法和途径，提出京津冀区域生态补偿的政策建议。为国家有关部门、京津冀区域各级政府建立综合的生态补偿机制和生态保护长效机制提供科学依据和技术支撑。

4）实施排污权有偿使用和交易

在京津冀区域统一试行排污权交易制度。推进排污权指标有偿分配使用制度。树立环境是资源、是商品的理念，充分发挥市场对环境资源的优化配置作用，积极探索和推进环境资源的价格改革，构建环境价格体系。同步建立排污权二级市场和规范的交易平台，全面推行排污权交易试点，在严格控制排污总量的前提下，允许排污单位将治污后富余的排污指标作为商品在市场出售，形成企业在区域总量控制下的市场进入机制，促进排污者的生产技术进步。

4. 健全社会共治体系

推进公众参与综合决策。积极搭建京津冀区域公众参与平台，通过政府企业与公众定期沟通对话协商、环境咨询调查、公众听证会、公众参与环评、向社会公开征求意见等方式，拓展企业、公众等利益相关方参与环境决策的渠道。建立完善公众参与环境决策的机制，确保公众参与环境决策制度化、规范化。综合决策机制高度重视公众参与的作用，公众可以通过亲身参与，及时了解掌握环境质量状况，并对政府提出建议和意见，帮助政府作出正确决策。京津冀区域要把握以人为本核心，以人民群众得实惠作为推进综合决策的首要目标，引导公众参与综合决策。对直接涉及群众切身利益的综合决策，要通过召开听证会等形式，广泛听取各方面的意见，自觉接受社会公众监督。充分利用媒体向公众宣传综合决策，使公众客观认识各类综合决策对环境可能产生的重大影响，自觉主动参与对决策的监督，成为推动综合决策的主要力量。京津冀区域各级政府和有关部门要建立健全环境信息发布协调机制，及时、准确、统一地公开综合决策信息，保障公众对综合决策的知情权、参与权与监督权。

加强社会监督。高效利用京津冀区域环境信息统一发布平台，完善信息公开机制。发挥人大代表、政协委员在社会监督中的积极作用，推行有奖举报等激励机制，鼓励和引导公众与环保公益组织监督、推动政府和企业履行生态环境保护的责任。推行环境公益诉讼。

健全全民行动格局。充分利用各种形式媒体，开展多层次、多形式的宣传教育活动，倡导文明、节约、绿色的消费方式和生活习惯，提高公众生态环保意识，动员公众参与投入到环境保护中。推行政府绿色采购，鼓励公众购买环境标志产品。

二、京津冀环境综合治理建议

京津冀环境综合治理变得相对复杂，存在大气、水、固体等多重介质的污染，工业和生活耗水量巨大导致水资源短缺，农村面源性污染等一系列问题。根据实际环境治理情况，提出以下几点建议。

因地制宜地采取适合的综合治理举措。京津冀环境综合治理需产业结构调整、能源结构调整、交通运输结构调整、土地利用结构调整、农业农村面源整治和重大工程等多重措施并举。产业结构调整直接影响大气、水、固体等污染物产生和水资源消耗，能源结构调整也会影响气、水、固等污染物，然而产业结构调整同样影响能源结构调整，产业结构调整效益要高于能源结构调整效益。交通运输结构主要针对大气污染治理，土地利用变更有利于改善大气和固废，农业农村面源治理有利于广大农村地区的大气、生活污水和生活固废治理，重大工程旨在利用工程技术解决气、水、固等污染问题。

积极鼓励发展中高端服务业，采取高排放标准，逐步淘汰高耗能高污染产业。持续推进京津冀协同发展的产业功能定位，并在京津冀同时积极推进中高端的服务业。逐步发展智能制造，更换新型生产工艺。严控钢铁、有色金属、非有色金属、石化化工等行业的末端排放，建材行业逐步实施高规格的排放标准，淘汰落后的生产工艺，采取新型生产工艺降低能耗，逐步关停非民生必需的高耗水、耗能、污染的产业。

持续煤炭总量控制，争取获得更多气源，鼓励发展新能源。京津冀供暖实施因地制宜原则，对有条件的地区争取实现电气供暖。完善天然气管道网络建设，提升港口 LNG 接受能力，争取获得更多的西部清洁的天然气和海外天然气。持续鼓励非化石能源发展，提升非化石能源消费比重。逐步淘汰能源利用效率较低的生产线，提升能源利用效率。

提升船舶和铁路货运比重，城市客运推行高标准汽车或电动车。协调铁路和船舶运输相关部门，力争建设铁路和船舶联运能力，公路卡车货运在有条件的区域推行电动车货运，逐步普及国六标准燃油及汽车，力争城市公共运输以轨道交通为主干电动车为辅的模式。加强非道路交通工程车辆和高排放测量的管控，对机场和码头等地方力争实施电动车。建设更加便利的充电网络，为电动车普及提供便利条件。

严控建设性用地，持续实施土地硬化和绿化，推进京津冀生态功能建设。统计土地变更情况，合理使用土地，将土质相对疏松区域实施硬化处置，对于可行区域实施绿化及洒水作业等方式，逐步充分发挥京津冀生态功能，减少大气和固废等污染。

因地适宜利用能源、处理生活污水和固废，精准施肥节肥，管控农药施用。根据农村所处的地理位置及能源获取条件，选取适当的能源供应方式。生活产生的废水和固体废弃物，距离城市较近的采取工厂化处理，距离较远的采取生态化处理。控制化肥施用总量，根据季节雨水情况实施精准性施肥。禁止使用残留量大的农业，提倡使用高效且对人无害的农药。农村秸秆实施返田作业。

专题研究

专题一　京津冀大气污染防控技术途径与环境治理制度创新研究

摘　　要

《大气污染防治行动计划》（简称"大气十条"）实施以来，京津冀空气质量总体改善显著，2017 年京津冀 $PM_{2.5}$ 年均浓度为 $64.5\mu g/m^3$，与 2013 年相比下降 36.5%，实现了"大气十条"的预期目标，但是京津冀 $PM_{2.5}$ 年均浓度超标 45.7% 仍为"心肺之患"，依然需要将 $PM_{2.5}$ 列为优先控制与考核污染物之列。此外，2013~2017 年，京津冀大气 O_3 污染浓度明显升高，$PM_{2.5}$ 和 O_3 协同控制已成为京津冀区域持续改善空气质量的关键。本专题在分析京津冀区域大气环境治理面临的挑战的基础上，确定了京津冀区域空气质量改善目标，提出了实现该目标的大气污染防控技术途径及环境治理的体制与制度保障。

一、概　　况

"大气十条"实施 5 年来，全国重点城市群 $PM_{2.5}$ 浓度下降 35%。北京 2017 年 $PM_{2.5}$ 浓度达到 $58\mu g/m^3$，实现了普遍认为难以完成的指标。全国地级及以上城市 PM_{10} 浓度下降 22.7%，74 个重点城市重污染天数从 2013 年的平均 23 天降到 2017 年的 10 天，下降 68.8%，"大气十条"预定目标全面实现。2013~2017 年我国重点地区气象条件处于历史上对空气质量改善相对不利的时期，呈年际波动变化。"大气十条"实施成效主要来自燃煤锅炉整治、工业提标改造、电厂超低排放改造、扬尘综合整治、"双散"污染治理和机动车污染控制等措施，并起到了推进能源结构调整、产业升级的积极作用。然而，全国 338 个城市 $PM_{2.5}$ 年均浓度尚有 64 % 的城市不达标，北京市 $PM_{2.5}$ 仍超标 66%，我国 $PM_{2.5}$ 污染防控工作依然任重道远；全国大气 O_3 污染显现，$PM_{2.5}$ 和 O_3 协同控制成为迫切需要解决的问题。

本专题是中国工程院"生态文明建设若干战略问题研究（三期）"项目"京津冀环境综合治理若干重要举措研究"课题的 3 个专项课题之一。本专题在分析京津冀区域大气环境治理面临的挑战的基础上，确定了京津冀区域空气质量改善目标，提出了实现该目标的大气污染防控技术途径及环境治理的体制与制度保障。

二、大气环境变化趋势和污染现状

（一）主要大气污染物年均浓度变化趋势

"大气十条"实施以来，京津冀空气质量总体改善显著，2017 年京津冀 $PM_{2.5}$、PM_{10}、

NO_2 和 SO_2 年均浓度分别为 64.5μg/m³、117.3μg/m³、47μg/m³、27.4μg/m³，其中 SO_2 年均浓度达到空气质量二级标准；虽然与 2013 年相比 $PM_{2.5}$、PM_{10}、NO_2 和 SO_2 年均浓度分别下降 36.5%、21.6%、7.5%、63.6%，实现了"大气十条"预期目标，但是京津冀 $PM_{2.5}$、PM_{10}、NO_2 年均浓度依然超标严重，分别超标 45.7%、40.5%、14.9%，$PM_{2.5}$ 超标最严重，仍为"心肺之患"，仍须要将 $PM_{2.5}$ 列为优先控制与考核污染物之列。京津冀 13 个城市年均浓度变化趋势如专题图 1-1~专题图 1-4 所示，表明除 SO_2 以外，其他 3 种污染物年均浓度达标的城市只有 1~2 个，城市污染形势依然严峻。

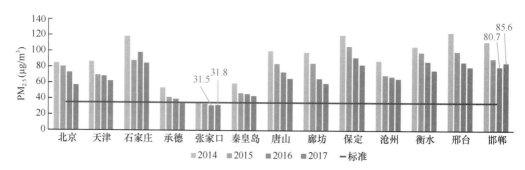

专题图 1-1　$PM_{2.5}$ 年均浓度变化趋势

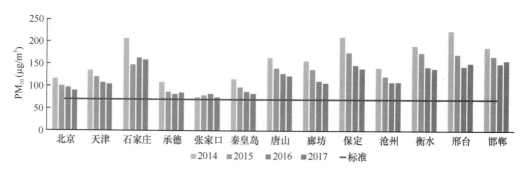

专题图 1-2　PM_{10} 年均浓度变化趋势

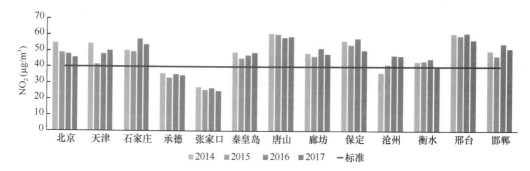

专题图 1-3　NO_2 年均浓度变化趋势

（二）臭氧污染趋势

2013~2017 年，京津冀大气 O_3 污染浓度明显升高，O_3 日最大 8 小时浓度第 90 百分位数的平均值由 2013 年的 155μg/m³ 上升到 2017 年的 187μg/m³，增长率达 20.6%。京津冀区域 PM$_{2.5}$ 和 O$_3$ 日超标状况如专题图 1-5，可见，PM$_{2.5}$ 和 O$_3$ 协同控制已成为重点区域持续改善空气质量的关键。研究表明，PM$_{2.5}$ 和 O$_3$ 污染是彼此关联的大气二次污染问题，科学推进 NO$_x$ 和 VOCs 的协同减排，特别是强化 VOCs 的减排，不仅可以降低细粒子中二次有机物的生成，还有助于降低 O$_3$ 污染水平。

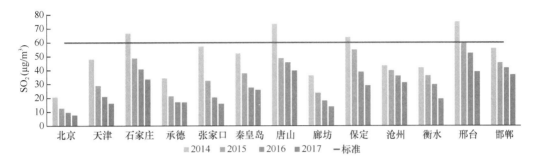

专题图 1-4　SO$_2$ 年均浓度变化趋势

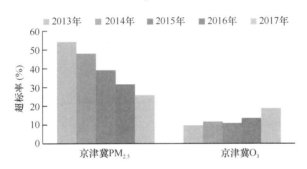

专题图 1-5　京津冀区域 PM$_{2.5}$ 与 O$_3$ 日均浓度超标率

（三）重污染天数

2014~2017 年京津冀区域重污染天数总体呈减少趋势（专题图 1-6）。每个城市每年平均减少 5 天，但是 2017 年与 2016 年相比沧州、邯郸、阳泉、淄博、鹤壁 5 个城市的重污染天数增加。分析表明尽管全国空气质量改善明显，但是，受复杂地形和不利气象条件的影响，沿太行山东麓和汾渭盆地分布城市出现重污染过程的频次依然很高，2017 年京津冀及周边地区平均出现 17 天重度及以上的污染天气，占全国重污染天数的 42%。

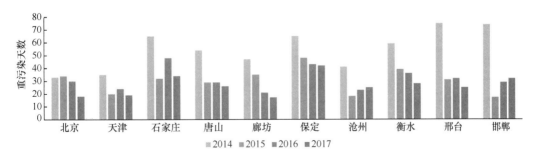

专题图 1-6　2014~2017 年京津冀重污染天数统计

（四）空气质量的季节分布

2014~2017 年京津冀区域 6 种常规大气污染物：$PM_{2.5}$、PM_{10}、SO_2、NO_2、O_3 和 CO 春、夏、秋、冬四个季节的空间分布如专题图 1-7 所示，表明：①季节特征明显；②区域差异显著；③年际变化，针对 O_3 以外的污染物，除了 2016 年秋冬季有恶化迹象以外，2014~2017 年空气质量持续改善，但是 O_3 有逐年恶化的趋势。

（五）京津冀区域气象条件

在我国现今大气污染程度仍然居高的情况下，气象条件是大气污染，特别是重污染形成、累积的必要外部条件。2013~2017 年重点地区气象条件是历史上比较差的时期，但年际间波动变化较大。

基于对主要气象要素、污染气象条件和大气自净能力指数的分析发现，与 2013 年相比，2014 年和 2015 年气象条件转差，2016 年和 2017 年转好。气象条件对 2017 年重点地区 $PM_{2.5}$ 年均浓度下降具有一定助推作用，但减排贡献仍然是大气污染改善的主导因素。根据模拟结果，如果按 2016 年气象条件，北京市 2017 年 $PM_{2.5}$ 年均浓度将从 2016 年的 $73\mu g/m^3$ 下降到 $62\sim63\mu g/m^3$。由于秋冬季气象条件转好，2017 年 $PM_{2.5}$ 年均浓度实际下降到 $58\mu g/m^3$。

（六）京津冀区域大气污染治理措施效果

1. 2013~2017 年大气污染治理平均效果

2013~2017 年"大气十条"实施以来，大气污染防治领域实现了一系列历史性的变革，在能源结构调整、产业结构调整、重大减排工程方面实施了一系列重大举措，取得了良好成效。

京津冀区域各种措施对 $PM_{2.5}$ 浓度降低的贡献如专题图 1-8 所示。重大减排工程对 $PM_{2.5}$ 浓度贡献最大，占所有减排措施的 45%，其次是能源结构调整的贡献占 28%，产业结构调整的贡献占 13%。由此可见，能源结构调整及产业结构调整相关措施的减排潜力将大于工程减排的潜力。

2. 2016~2017 年大气污染治理强化措施效果

2016 年以来，为确保"大气十条"目标全面完成，根据"大气十条"实施 3 年后的空气质量形势，环保部会同相关部委和省市于 2016 年和 2017 年分别出台了《京津冀大气污染防治强化措施（2016—2017 年）》（以下简称《强化措施》）、《京津冀及周边地区 2017 年大气污染防治工作方案》和《京津冀及周边地区 2017-2018 年秋冬季大气污染综合治理攻坚行动方案》（以下简称《攻坚方案》）。针对京津冀地区尤其是北京实现"大气十条"预定目标的重大挑战，在落实和巩固"大气十条"基础上，实施"散乱污"企业清理整治、散煤清洁化替代、工业错峰生产等强化措施，展开攻坚行动。

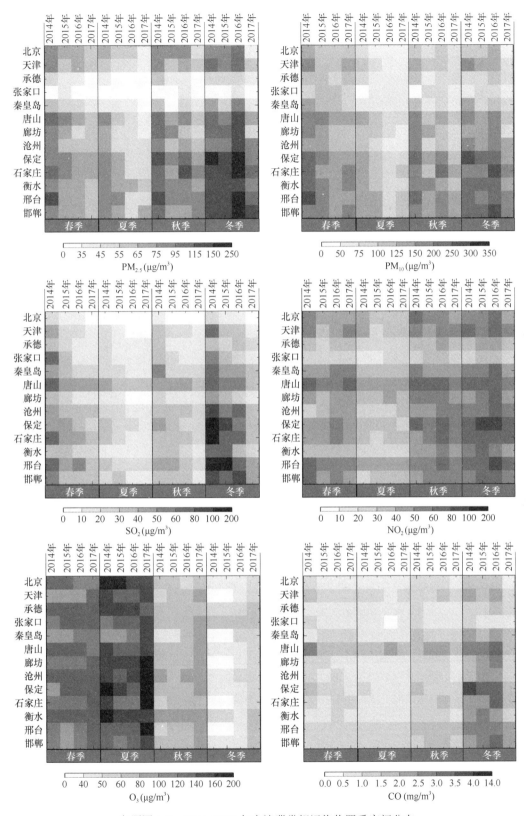

专题图 1-7 2014~2017 年京津冀常规污染物四季空间分布

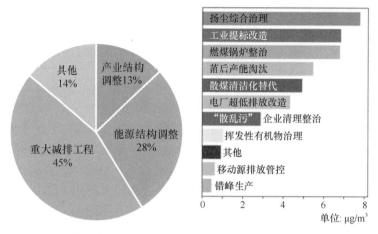

专题图 1-8　2013~2017 年京津冀各类减排措施对 $PM_{2.5}$ 浓度的贡献（彩图请扫描封底二维码）

《强化措施》和《攻坚方案》提出的措施具有很强的针对性，对 2016~2017 年京津冀地区主要污染物减排和空气质量改善起到了决定性的作用。2016~2017 年，京津冀地区 SO_2、NO_x 和一次 $PM_{2.5}$ 排放量分别下降了 23%、5% 和 12%，其中"散乱污"企业清理整治和散煤清洁化替代两项措施合计贡献了 SO_2、NO_x 和一次 $PM_{2.5}$ 排放下降量的 56%、30% 和 55%。"散乱污"企业清理整治、散煤清洁化替代和扬尘综合治理是对 2016~2017 年京津冀地区 $PM_{2.5}$ 浓度下降贡献最为显著的措施，对 $PM_{2.5}$ 平均浓度下降量的贡献为 $1.6\mu g/m^3$、$1.3\mu g/m^3$ 和 $1.2\mu g/m^3$，分别贡献了下降量的 27%、21% 和 20%。工业错峰生产对秋冬季空气质量改善具有显著效果，贡献了京津冀地区 2017 年冬季 $PM_{2.5}$ 浓度下降量的 23%。

三、大气环境治理挑战

（一）不利的气象条件及高排放的产业结构

从地理条件来看，京津冀大部分区域（张家口和承德除外）位于华北平原北部，西靠太行山脉，北依燕山，东临渤海，呈现半封闭的地形。京津冀区域的几个主要城市，北京、保定、石家庄、邢台和邯郸都坐落在太行山脚下，大气扩散条件差，非常不利于污染物的扩散。这一地形因素使得该地区的大气环境承载能力并不高，不适合聚集大量的工业，尤其是炼钢、炼铁、炼焦、水泥生产等高污染行业。然而，2001 年北京获得奥运会举办权和加入世贸组织之后，北京东面和南面的华北平原上出现了大量的重工业。河北省也迅速发展成为一个重工业大省，成为中国乃至世界第一的钢铁生产地区。不仅如此，华北平原南部的山东和河南也是能源消耗大户。如果遇到不利的气象扩散条件，如在持续的南风或者无风高湿的静稳天气下，过量的排放极易导致京津冀区域持续的极端污染。

（二）严格的空气质量控制目标

2013 年发布的《大气污染防治行动计划》针对京津冀区域提出了 2017 年的 $PM_{2.5}$

浓度改善目标，2016 年发布的《京津冀大气污染防治强化措施》更是将 2017 年的目标进行了细化和落实。除此之外，2015 年修订的《中华人民共和国大气污染防治法》指出了各级政府对辖区内的空气质量负责，不达标的城市须要制定达标规划，推进空气质量尽快达标。根据《中华人民共和国大气污染防治法》的要求，京津冀区域的城市须要以 6 项污染物达到《环境空气质量标准》（GB 3095—2012）浓度限值要求作为奋斗目标和制定措施的出发点，考虑对大气复合污染进行综合防治。

$PM_{2.5}$ 和 PM_{10} 是影响区域空气质量达标的关键污染物。发达国家经验以及我国城市 PM_{10} 浓度下降的经验表明，不管 $PM_{2.5}$ 处于高浓度区间还是低浓度区间，不管是处于工业化后期还是后工业化时期，通过一定强度的日常管理，$PM_{2.5}$ 浓度每 5 年下降 15% 是现实可行的；《大气污染防治行动计划》实施前 3 年的经验表明，通过集中的治理工程和高强度的监管，$PM_{2.5}$ 浓度每年下降 10% 以上也是可能的。考虑到京津冀将一直作为我国大气污染防治的重点，但污染控制的边际效益将随着治理的推进逐渐降低，因此对于京津冀而言，$PM_{2.5}$ 年均浓度保持以每 5 年 25% 左右的速度下降，是较为可行，同时不失积极的目标。如果保持这样的速度，从 2015 年开始，京津冀区域还需要 4 个 5 年，才能实现 $PM_{2.5}$ 浓度下降 60% 以上，达到《环境空气质量标准》浓度限值的要求。

在此基础上，结合《大气污染防治行动计划》《京津冀大气污染防治强化措施（2016—2017）》以及"十三五"规划对于京津冀区域空气质量改善的总体要求，并参考 2022 年冬奥会的空气质量目标要求，提出了 2015~2035 年北京、天津、河北各城市的不同阶段 $PM_{2.5}$ 年均浓度控制目标（专题表 1-1）。

专题表 1-1　京津冀区域各城市 $PM_{2.5}$ 年均浓度控制目标　　　（单位：$\mu g/m^3$）

年份	北京	天津	石家庄	唐山	邯郸	邢台	保定	沧州	廊坊	衡水
2025 年	43	42	49	44	48	49	49	42	43	48
2030 年	35	35	39	36	39	39	40	35	35	39
2035 年	31	31	33	32	33	33	34（雄安 31）	31	31	33

对于其他大气污染物，综合考虑污染物的超标程度、污染的复杂性和治理难度，提出以下目标：到 2020 年，京津冀区域所有城市 SO_2 和 CO 年均浓度须达标，NO_2 浓度持续下降，O_3 污染程度和 2015 年左右持平，重度及以上污染天数比例从 2015 年的 10% 减少到 5%。到 2035 年，基本实现京津冀区域所有城市 NO_2 年均浓度达标，O_3 超标城市数大幅下降，重度及以上污染天基本消除。

（三）实现京津冀空气质量控制目标任务艰巨

首先，2017 年京津冀城市 $PM_{2.5}$ 平均浓度为 $64.5\mu g/m^3$，要实现所有城市空气质量达标，$PM_{2.5}$ 浓度需要下降 46% 以上。人为源一次 $PM_{2.5}$ 和 SO_2、NO_x、VOCs、NH_3 等气态污染物排放量需要减少 46%~65%，甚至更多。其次，2013~2017 年，京津冀大气 O_3 污染浓度明显升高，$PM_{2.5}$ 和 O_3 协同控制已成为重点区域持续改善空气质量的关键。作为 O_3 生成前体物的 NO_x 和 VOCs 的协同减排量的需求，比只降低 $PM_{2.5}$ 浓度所需的减排量加大，特别是强化 VOCs 的减排更为重要也更为艰巨。

然而，目前为止所进行的主要污染物大气污染防控的措施和相关行业存在薄弱环节。非电行业综合治理、机动车尤其是柴油机动车排放管控、重点行业挥发性有机物减排及农业氨排放控制问题突出。"大气十条"实施 5 年来，挥发性有机物是唯一一个全国排放量依然增长的大气污染物，这是由于一一万亩整治项目行业覆盖面较窄、治理深度不够、溶剂使用等无组织源排放未得到有效控制以及监管执法乏力等，另一方面是行业增长导致新增排放量快速增加的原因。氮氧化物、挥发性有机物、氨和细颗粒物排放对全国大气污染变化具有重大影响，必须采用有力措施尽快取得治理实效。

更重要的是，"大气十条"的实施起到了促进发展方式转变的积极作用。然而，总体上能源、产业和交通结构调整的大气污染物削减潜力还有待大力释放，并将逐步成为空气质量改善的核心驱动力，为此亟须加快推动空气质量改善的途径探索，逐步从污染控制向绿色发展模式的探索转变。

四、区域大气污染联防联控的技术途径

（一）开展柴油车、非道路、船舶的大气污染排放控制

在进一步严格实施汽油车的"车油路"系统排放控制体系和提升排放监管的基础上，重点开展柴油车、非道路、船舶的大气污染排放控制。加快制定柴油车国Ⅵ排放标准，突破柴油车发动机控制及其与后处理系统耦合匹配控制等核心技术，补齐整车排放标定平台与数据库等技术短板，率先在京津冀、长三角、珠三角等重点区域实施新车排放标准；推广应用非道路用柴油机机内与机外净化技术体系，研究和推广岸电使用、船舶尾气脱硫脱硝技术，在重点区域、核心港口率先实施船舶排放控制区措施；加快制定在用柴油机车 NO_x 快速检测方法与标准，加强柴油车排放监控与检查，推动在用高排放柴油机污染控制技术改造升级和分步淘汰。

（二）实施非电行业特别排放限值，逐步实现超低排放，制定完善经济激励政策

加快出台非电工业行业排放标准，实施分地区分阶段的减排目标和排放限值，扩大特别排放限值的实施范围。对钢铁、有色、水泥、玻璃、陶瓷等重点工业行业，依法实施清洁生产审核。加快推进全过程控制技术的研发及应用。重点行业实施全过程氮氧化物减排技术并进行高效脱硝设施升级改造。加快炭素、砖瓦、铸造、铝型材、铁合金等行业减排设施的建设。加大重点工业行业减排鼓励政策。

（三）针对石油化工、表面涂装、包装印刷等重点行业实施挥发性有机物减排行动

尽快启动国家挥发性有机物（VOCs）总量控制行动计划。果断出台有效措施尽快遏制 VOCs 排放总量增长势头，确定 2022 年全国 VOCs 排放量降低 25%~30%的总体目标。重点区域和重点行业实施更大力度的 VOCs 减排。重点行业建议为石化化工、溶剂

涂料、包装印刷、交通运输等。各城市制定有针对性的重点源 VOCs 减排技术方案、减排核算和监管体系。加强京津冀区域大气环境 VOCs 监测能力建设，加快基于空气质量改善目标研究的 VOCs 排放标准制（修）定。

（四）畜禽养殖氨排放控制

开展农业和农村源氨排放的治理。强化畜禽养殖业氨排放的综合管控，完善畜禽废弃物的资源化利用；优化饲料配方，提高饲料中氮素利用率。强化种植业化肥和有机肥合理施用，控制氮投入总量，创新氮肥产品，推广应用机械深施和水肥一体化技术。积极推进农村厕所革命和垃圾资源化利用。力争到 2022 年全国农业源氨排放比现有水平降低 10%。

五、区域大气污染治理策略

（一）能源消费总量控制与结构调整

依据北京、天津和河北现有的"十三五"能源发展规划及京津冀区域"十三五"后期至 2035 年的经济社会发展宏观形势进行判断，预测北京、天津、河北在 2035 年基准情景下的能源消费趋势。在最严格的大气污染控制技术及控制对策下，确定能够满足空气质量改善目标的要求能源消费方案如下（专题图 1-9、专题图 1-10）。

（1）北京市 PC 情景

《北京市"十三五"时期能源发展规划》提出，在强化能源节约、大幅提高能源效率前提下，2020 年全市能源消费总量控制在 7600 万 tce 左右，年均增长 2.1%。

《北京城市总体规划（2016—2035 年）》以国际一流标准建设低碳城市，加强碳排放总量和强度的控制，强化建筑、交通、工业等领域的节能减排和需求管理。全市 2035 年能源消费总量力争控制在 9000 万 tce 左右。实现无煤的能源结构。

（2）天津市 PC 情景

《天津市能源发展"十三五"规划》提出，到 2020 年天津市能源消费总量控制在 9300 万 tce 以内，年均增长率控制在 2.4%左右，结构持续优化，效率明显提高。2035 年天津市能源消费总量为 10 299 万 tce，煤炭消费占比 24%。

（3）河北省 PC 情景

《河北省"十三五"能源发展规划》提出，2020 年河北省能源消费总量控制在 3.27 亿 tce 左右，年均增长 2.2%，压减省内煤炭产能 5100 万 t，煤炭实物消费量控制在 2.6 亿 t 以内，天然气消费比例提高到 10%以上。

2035 年河北能源消费总量为 3.67 亿 tce，煤炭消费量降至 2.55 亿 t，煤炭占比为 50%，比 2020 年降低 7%。

在上述能源情景下，2020 年能够达到空气质量目标的要求，但是达不到 2035 年空气质量目标的要求。经核算，在 2035 年能源消费总量不变的情况下，在 PC 的基础上减少煤炭消费 1.1 亿 tce（天津 600 万 tce，河北 1.04 亿 tce），分别增加相应的外调度电和可再生能源利用量，才能达到空气质量目标的要求。最终形成的能源情景如专题图 1-10。

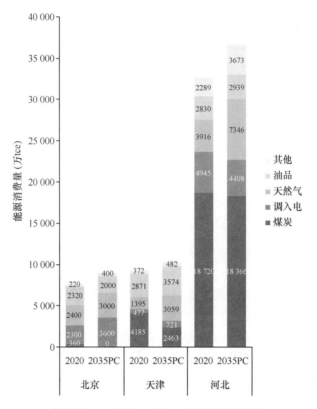

专题图 1-9　北京、天津、河北能源消费量

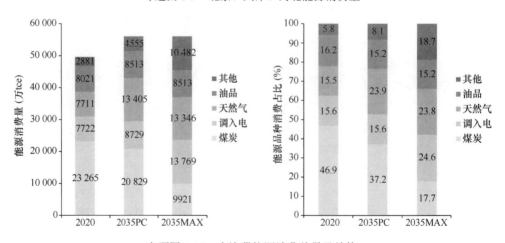

专题图 1-10　京津冀能源消费总量及结构

（二）京津冀协同发展下的产业结构调整

为了达到空气质量目标的要求，京津冀区域的主要高能耗产业的产量必须控制在一定的范围内。河北及天津的主要高能耗产品产量如专题图 1-11 所示。但值得注意的是，根据国家统计数据，2018 年河北省粗钢产量为 2.3 亿 t，今后每年压减 1000 万 t 粗钢产量，

2020 年为 2.1 亿 t，与空气质量改善目标要求的 2020 年的 1.2 亿 t 粗钢产量有近 9000 万 t 的产量差距，针对这种巨大的差距，尚须寻找解决的途径。

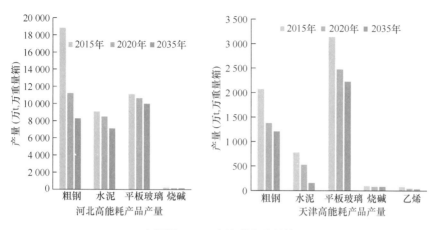

专题图 1-11　京津冀产业结构

（三）继续化解过剩和落后产能，实施基于环境绩效的错峰生产

将京津冀区域过剩产能行业施行限产策略，落后产能企业实施关停，对大气和水污染比较严重的过剩产业实施取缔。对于当地具有重大工业贡献且带来部分污染的行业，采取行政手段实施计划性生产，将大气或水污染情况控制在可控范围内，尤其是河北南部重污染地区，更加须要施行错峰性生产，实施经济和环境双重指标。

（四）创新运输组织，优化铁路–公路–水运相结合的运输结构，加快推广应用电动车和新能源车

京津冀城市群进一步加密和优化区域铁路网建设，并以铁路作为主骨架重新设计这两个区域交通基础设施网络。依托机场、高铁站、港口、物流园区等建设大型客货运输综合枢纽，并通过轨道交通、高速公路实现便捷连接。持续实施机动车保有总量控制制度，并采取有效措施降低机动车年均行驶里程；利用补贴激励政策和摇号政策，引导居民购买小排量、经济节油型及新能源的机动车。打造"轨道交通为骨架、常规公交为网络、出租车为补充、慢行交通为延伸"的一体化都市公交体系，加快大城市地铁网络建设，优先保障公交路权。用 3~5 年时间，实现城市货运配送、枢纽场站内部转运等领域全面推广使用混合动力、LNG、纯电动等新能源或清洁能源货车。

六、环境治理体制与制度保障

（一）环境治理体制与制度现状

1. 中央高度重视京津冀区域生态环境保护

2014 年 2 月 26 日，习近平总书记在北京主持召开座谈会强调，实现京津冀协同发

展是一个重大国家战略,将京津冀协同发展与"一带一路"和"长江经济带"共同作为我国三大国家战略,明确加强生态环境保护。中央分别成立了京津冀协同发展领导小组和专家咨询委员会。制定发布了一系列规划,包括《京津冀协同发展规划纲要》以及交通、生态环保、产业等12个专项规划和若干政策意见,首次编制了《京津冀国民经济与社会发展"十三五"规划》。在《京津冀协同发展规划纲要》明确了京津冀的整体定位是"以首都为核心的世界级城市群、区域整体协同发展改革引领区、全国创新驱动经济增长新引擎、生态修复环境改善示范区"。从顶层设计上为疏解首都功能、区域转型升级以及生态环境持续改善做出了统一部署,为京津冀整个区域生态环境保护工作提供了重要保障。2017年,中共中央、国务院决定设立雄安新区。集中疏解北京非首都功能,探索人口经济密集地区优化开发新模式,调整优化京津冀城市布局和空间结构,培育创新驱动发展新引擎。2017年8月17日,北京市人民政府与河北省人民政府签署了《关于共同推进河北雄安新区规划建设战略合作协议》。

2. 国务院及相关部委密集出台生态环保相关规划

2015年,国家发改委和环境保护部共同编制发布了《京津冀协同发展生态环境保护规划》,从大气治理、水环境治理、生态安全格局以及空间管控和红线体系等多方面对京津冀三省市提出相应措施和具体工作部署,首次规定了京津冀区域生态环保红线,并规定了环境质量底线和资源消耗上线。在空气质量方面,规划要求到2017年,京津冀区域 $PM_{2.5}$ 年均浓度应控制在 $73\mu g/m^3$ 左右。到2020年,京津冀区域 $PM_{2.5}$ 年均浓度控制在 $64\mu g/m^3$ 左右;在水环境质量方面,到2020年,京津冀区域地级及以上城市集中式饮用水水源水质全部达到或优于Ⅲ类,重要江河湖泊水功能区达标率达到73%;在资源消耗上限方面,2015~2020年,京津冀区域能源消费总量增长速度显著低于全国平均增速,其中煤炭消费总量继续实现负增长。到2020年,京津冀区域用水总量控制在296亿 m^3,地下水超采退减率达到75%以上。

针对京津冀区域严重的大气污染,2013年9月国务院发布了《大气污染防治行动计划》,并编制了《京津冀及周边地区落实大气污染防治行动计划实施细则》,针对工业点源、机动车面源、产业布局、能源结构以及监管手段等方面提出了具体措施。为了保证京津冀区域能实现《大气污染防治行动计划》制定的2017年目标,环境保护部与北京、天津、河北三省市于2016年7月联合发布了《京津冀大气污染防治强化措施(2016—2017年)》、2017年发布了《京津冀及周边地区2017年大气污染防治工作方案》。强化方案中将北京、保定、廊坊作为重中之重,对三省市提出更加严格的要求,提出了以散煤治理为主的控煤及机动车治理等相关严厉措施。

在水治理方面,2015年4月国务院发布的《水污染防治行动计划》,将京津冀区域作为治理重点区域,在工业集中区水污染治理、农村农业污染防治、再生水利用、地下水超采整治以及监管水平提升等多个方面提出具体要求,并提出"2020年,京津冀区域丧失使用功能(劣于Ⅴ类)的水体断面比例下降15个百分点左右"的目标。2016年5月国务院发布《土壤污染防治行动计划》中指出要将京津冀建设成为土壤污染综合防治先行区。2016年11月,国务院发布《"十三五"生态环境保护规划》以及即将发布的《"十三五"大气污染防治规划》和《重点流域水污染防治"十三五"规划》、《京津冀及周边地区大气污染防治中长期规划》等都对京津冀区域提出了重点工作要求。

总体来看，在过去 3 年，国务院和各部委密集发布了一系列京津冀生态环保规划及相关行动计划、方案、意见及制度办法，从"战略"和"战术"等多个层面为京津冀区域协同发展生态环境保护与治理指明了方向、明确了任务、强化了措施。

3. 京津冀三地分别制定出台生态环境治理规划方案

北京、天津、河北三地高度重视生态环保工作，深入对接国家出台的京津冀协同发展规划纲要、京津冀"十三五"规划和各专项规划，分别出台了一系列的环保规划计划和方案，强化落实中央国家部委措施。

3 年来，北京出台了《北京市"十三五"时期环境保护和生态建设规划》《北京市2013—2017 年清洁空气行动计划》《北京市水污染防治工作方案》《北京市土壤污染防治工作方案》《北京市"十三五"新能源和可再生能源发展规划》等规划方案，编制《北京环境总体规划（2015—2030 年）》，开展"大气污染执法年"专项行动等。修订实施大气、水污染防治地方性法规，制（修）订 43 项排放限值全国最严的地方环保标准，出台提高排污收费标准等 38 项经济政策，完成 PM$_{2.5}$ 源解析等重大课题研究，顶层设计、法规约束、标准引领、政策引导、科技支撑能力全面增强。

天津出台了《天津市生态环境保护"十三五"规划》《天津市清新空气行动方案》《天津市水污染防治工作方案》《天津市土壤污染防治工作方案》《天津市大气污染防治条例》《天津市生态用地保护红线划定方案》，坚持依法铁腕治理环境污染，深入推进"四清一绿"行动，即清新空气行动、清水河道行动、清洁社区行动、清洁村庄行动和绿化美化行动，生态宜居水平不断提升。同时，天津市与沧州市、唐山市分别签订大气污染联防联控合作协议，对口支持燃煤设施和散煤治理，提供技术援助；与河北省达成一致意见，将建立引深入津上下游横向生态补偿机制。

河北作为京津冀生态环境治理的重点，着眼于现实急需，将环境保护作为率先突破工作之一，2016 年 1 月 10 日河北省高级人民法院自觉把法院工作融入"京津冀协同发展"和"一带一路"建设等大局中统筹谋划、协调推进，坚持以法治方式保障人民群众合法权益、捍卫社会公平正义、促进社会和谐安定。此外，"京津冀协同发展"也写入了河北省人民检察院的工作报告。2016 年 2 月发布了《河北省建设京津冀生态环境支撑区规划（2016—2020 年）》，出台了《河北省推进京津冀协同发展规划》《河北省生态环境保护"十三五"规划》《河北省大气污染防治行动计划实施方案》《河北省大气污染深入治理三年（2015—2017）行动方案》《河北省水污染防治工作方案》《河北省"净土行动"土壤污染防治工作方案》等规划和专项计划，各地市亦陆续出台了大气、水环境质量达标行动计划或方案。河北省积极参与环保机构垂直管理改革试点，制定了《河北省环保机构监测监察执法垂直管理制度改革实施方案》；将环境保护督察作为推动生态文明建设的重要抓手，印发《河北省环境保护督察实施方案（试行）》，科学治污、协同治污、铁腕治污，构建共建共享、标本兼治的生态保障机制。

4. 若干生态环保重大改革制度得以推动实施

（1）体制机构改革稳步推进。加强体制机构创新，成立京津冀及周边地区大气污染防治协作小组暨水污染防治协作小组,正酝酿成立区域环保机构、大气管理局,共同推进区域生态环境治理工作。2016年9月,中共中央办公厅、国务院办公厅印发了《关于省以下环保机构监测监察执法垂直管理制度改革试点工作的指导意见》。河北省作为改革试点省份之一,率先在2016年12月制定了《河北省环保机构监测监察执法垂直管理制度改革实施方案》,切实做好河北省环保机构监测监察执法垂直管理制度改革工作。

(2)推进工业污染源全面达标排放计划。环境保护部印发《关于实施工业污染源全面达标排放计划的通知》要求:"到2017年底,钢铁、火电、水泥、煤炭、造纸、印染、污水处理厂、垃圾焚烧厂等8个行业达标计划实施取得明显成效";"到2020年底,各类工业污染源持续保持达标排放,环境治理体系更加健全,环境守法成为常态。"中共中央政治局常委、国务院副总理张高丽出席在北京召开的京津冀及周边地区大气污染防治协作小组第六次会议暨水污染防治协作小组第一次会议并讲话指出,京津冀区域要突出抓好重点行业综合整治,实施工业污染源全面达标排放计划,强化"高架源"监管,限期完成"散乱污"企业的清退工作。

(3)推进排污许可证制度先行试点。为推动京津冀区域大气污染防治工作,环境保护部决定京津冀部分城市试点开展高架源排污许可证管理工作。2017年1月,环境保护部发布《关于开展火电、造纸行业和京津冀试点城市高架源排污许可证管理工作的通知》,要求2017年6月30日前,完成火电、造纸行业企业排污许可证申请与核发工作,依证开展环境监管执法;京津冀重点区域大气污染传输通道上1+2重点城市(北京、保定、廊坊)完成钢铁、水泥高架源排污许可证申请与核发试点工作。从2017年7月1日起,现有相关企业必须持证排污,并按规定建立自行监测、信息公开、记录台账及定期报告制度。

(4)深入实施中央环保督察制度。近三年,环境保护部在污染较为严重的冬季出动督察组对京津冀及周边地区开展大气环境治理。其中2014年派驻12个督察组,对钢铁、煤化工、平板玻璃、水泥等重点行业整治和施工场地、原煤散烧等情况进行检查和曝光。2015年派出14个督察组赴京津冀及周边地区等开展现场督察。2016年,中央环保督察组成立,并首先对河北开展环保督察,另外随后分批对河南、北京开展环保督察。2017年2月,由环保部联合相关省(市)组成18个督查组,分成54个小组对京津冀18个城同步督查工作,切实督促地方落实大气污染防治责任。

(5)开展资源环境承载力监测预警机制试点。开展京津冀区域资源环境承载力监测预警试点工作,完成资源环境承载力评价报告。明确河北省、北京市怀柔区为国家自然资源资产负债表编制试点地区,开展自然资源资产负债表编制试点工作。

(6)率先启动划定生态保护红线。2017年2月,中共中央办公厅、国务院办公厅印发《关于划定并严守生态保护红线的若干意见》,要求划定并严守生态保护红线。该意见明确生态保护红线的"时间表"。其中要求2017年年底前,京津冀区域、长江经济带沿线各省(直辖市)划定生态保护红线。

(7)开展准入负面清单编制。2015年10月,国务院印发《关于实行市场准入负面清单制度的意见》。《意见》提出,按照先行先试、逐步推开的原则,从2015年12月1日至2017年12月31日,在部分地区试行市场准入负面清单制度,从2018年起正式实行全国统一的市场准入负面清单制度。京津冀区域作为我国污染最为严重区域,已逐步对高耗能、高污染排放的行业实行准入负面清单工作。

（8）开展京津冀区域战略环评。2015 年 10 月 28 日环境保护部宣布启动京津冀、长三角、珠三角三大地区战略环评项目。三大地区是我国经济发展的重心所在，也是环境矛盾最凸显，公众环保需求最强的地区，是经济和环境双转型最迫切的地区。针对三大地区的战略环评，将围绕环境质量改善、生态安全水平提升两大任务，严守三条"铁线"，对区域性、累积性环境影响和中长期生态风险进行评估。

（9）大气专项重点向京津冀区域倾斜。科技部国家重点研发计划"大气污染成因与控制技术研究"重点专项 2016 年度支持了"京津冀区域大气污染物同化预报技术研究（青年项目）""北京市霾污染条件下 PAN 的变化特征及其源汇研究""北京及周边地区大气复合污染动态调控与多目标优化决策技术""大气环保产业园创新创业政策机制试点研究""大气重污染综合溯源与动态优化控制研究"等多项京津冀相关项目，围绕京津冀等区域开展区域大气环境监测数据共享技术及应用、大气污染联防联控技术示范等研究。

（10）应急执法监管力度大大加强。在大气污染防治方面，京津冀及周边七省区市建立重污染预警会商平台，北京、天津和河北均修订了《重污染天气应急预案》，实现京津冀预警分级标准统一。为加强京津冀环境执法力度，三地环保部门联合制定《京津冀环境执法联动工作机制》，从定期会商、联动执法、联合检查、联合后督查和信息共享等方面实现协同治污。水污染防治方面，京津冀加强区域水环境监测网络建设，建成一批河流断面水质自动监测站，完成跨界河流监测断面优化布设，定期联合开展监测。为加强水污染治理，三地联合签署了《京津冀凤河西支、龙河环境污染问题联合处置协议》，提升了跨京津冀水污染纠纷和突发水污染事件的管控能力。为实现京津冀三地环保一体化，北京市环境保护局、天津市环境保护局和河北省环境保护厅三部门协商建立了"联动工作机制"。领导小组每半年会商一次，领导小组办公室每季度会商一次。三省（市）环境保护局（厅）每年各牵头组织 1~2 次联合检查行动，互派执法人员到对方辖区开展联合检查。

（二）环境治理体制与制度挑战

体制机制障碍和政策壁垒导致京津冀三地在经济发展与生态环境保护方面"与邻为壑"。

一是地位不平等、经济发展水平差距大，受政治地位、财税体制、政绩考核等因素影响，区域层面的环境与发展综合决策机制难以形成，三地对环境保护的动力是各不相同。

二是公共服务水平和社会保障政策的"断崖式落差"增加了首都功能疏解的难度，也减弱了疏解的效果，导致"职住分离"、"钟摆人口"等现象的产生，难以降低区域整体资源消耗和污染排放强度。

三是区域内环境标准、环境执法、产业准入等缺乏协调，有利于区域生态环保的价格、财税、金融等政策不健全，不能对区域内的产业结构、产业布局形成有效引导和约束。

四是区域内未能形成完善的生态补偿机制，导致生态涵养区无法有效利用生态优势实现自身良性发展，特别是为京津提供水源涵养和生态屏障的张承地区未能与受益地区建立符合市场原则的制度性安排。

五是区域环境监管能力薄弱，城市之间环境管理协调不足、缺乏联动。

造成京津冀区域严峻生态环境形势的深层次原因主要表现在：一是利益不均衡，经济发展与生态环保不能有效平衡，各地"重发展、轻环保"的落后政绩观仍根深蒂固，尤其是河北省作为经济落后地区，面临经济发展和环境保护的双重压力，一些地方至今仍不顾资源环境后果，一味发展经济的冲动还在。二是缺乏顶层设计与协调机制，京津冀三地始终没有走出"现有行政区"掣肘，城乡布局与产业发展缺乏整体统筹设计，发展功能紊乱，各自为战，产业准入标准、污染物排放标准、环保执法力度、污染治理水平存在差异，缺乏联防联控共治的协同机制。三是京津冀生态环保的责任与义务缺乏合理明晰的制度化保障。三地都以自我利益最大化为准则，市场经济的力量在政治和行政权力下失去效能。特别是河北矛盾最为尖锐，各自生态环保的权利责任界定不清晰，缺乏利益协调、合作共赢的生态补偿制度保障，难以真正形成生态环境协同保护的利益平衡。

（三）京津冀环境治理体制与制度保障

1. 建立区域生态环境保护协作机制

区域内环境标准、环境执法、产业准入等缺乏协调，不能对区域内的产业结构、产业布局形成有效引导和约束。因此，需要建立有效的京津冀区域协作机制，从加强区域环境监管一体化，跨区域联合执法和应急协调，环境信息标准与信息共享机制提出创新保障机制。从跨区域环境管理机制，区域生态环境保护专项基金、区域生态补偿机制，区域性环保立法，统一区域环保标准等方面提出管理和政策创新要求。

1）健全环境管理体制

建立京津冀区域生态环境保护协调机制。本着三方利益平等的原则，打破行政体制的分割，以京津冀及周边地区大气污染防治协作机制为基础，承担区域内外环境保护综合协调职能。

成立京津冀区域生态环境保护管理机构。围绕京津冀区域生态建设与环境保护规划的实施，加强该地区的统筹组织、协调配合、协作攻关等；在把握全局、统一分工下，实施对本区域内跨行政单位、涉及多个部门的重大环境事项的组织协调；定期评估京津冀区域生态建设与环境保护的工作进展，实施对区域内各地各部门的环保工作考核。赋予环保部门前置审查，对地区经济发展与建设项目的提前介入，对不符合环保要求项目的一票否决等。

建立京津冀区域环境保护的责任机制，形成各地环境管理既统一目标又分工协作的统一协调格局。进行区域环境责任分解，落实考核体系，完善环境责任追究制度。进一步充实环保工作力量，明确各部门的制度建设，建立党政一把手亲自抓、负总责、各级各部门分工负责的环境目标责任制。逐步形成政府监管、企业负责、公众监督的监管体制。

理顺环境保护执法监督管理体系。建立区域性环境保护执法联络机构，实现决策、执行、监督互动协调，责、权、利相匹配的环境保护协调机制。减少地区、部门间的行政摩擦，解决环境生态建设管理多头分散问题，改进行政管理效率。

2）建立跨区域环境保护合作机制

（1）构建区域环境科研平台

整合京津冀科研资源，孕育大科学。充分利用京津冀科研院所，特别是国家有关机构的环境科研力量，通过资源整合与信息共享等机制，建立京津冀区域一体化环境科研合作、交流平台，进一步强化科技支撑。突出科研平台各组成单位的优势力量，形成差异化、联动化的科研链条，鼓励跨区域联合申请环境科学大项目、攻关环境难题。

创新京津冀人才联动机制，打造大环境。统一区域环保人才政策，切实推进区域环保人才合作培养、交流对话、挂职考察。针对性实施合理可行的人才安置补偿机制，切实推动区域内高中端人才的自由流动。加大对环境科学研究的财政支持力度，在区域内相关科研计划及专项中，联合设立生态及环境相关的基础性、前瞻性、应用性研究项目和针对性攻关专题，加强区域污染防治基础性和综合决策研究。

推动京津冀成果转化，培育大产业。加强环境科研自主创新能力建设，构建区域自主知识产权及专利池，推动区域环境科技成果的应用转化，支撑京津冀区域环保产业的发展。加大对区域新型环境问题的防控，辅助区域性相关环境政策的研究和区域内环保及相关产业的发展指导目录的制定。配套建立环保技术及成果信息发布与咨询服务体系，及时向社会及企业发布有关环境保护和节能减排的科研动向、技术成果、政策导向等方面的信息，促进环保产业的发展和环保技术与设备的推广应用。

（2）建立专家研究咨询平台

建立由多学科专家组成的环境与发展咨询平台（如专家委员会、建立咨询研究机构，专家委员会和研究机构的主要成员可包括：区域内外有影响力的专家与大学和研究所人员），实施环境与发展科学咨询制度，研究京津冀区域生态建设与环境保护工作实施过程中遇到的困难，寻求解决方案，为京津冀区域生态建设与环境保护工作提供支持。

借助多方社会力量，发展政府、学术、企业、公众等多方面的"环境同盟军"。在政府、学术和企业之间形成良好的各方"对话"平台和"伙伴关系"，加强政府、学术、企业、公众在环境管理方面的交流和沟通，为有效解决京津冀区域环境保护群策群力。

3）建立跨区域的联合监察执法机制

建立跨区域的环境联合监察执法工作制度。建立京津冀区域内同一部门执法监察主体之间全面、集中、统一的联合执法长效机制，协作配合、共同执法，联合查处跨行政区域的环境违法行为。构建京津冀区域环境监察网络，成立京津冀区域大区督察中心，协调京津冀区域环保执法工作，打破行政区划下各地区各自为政的局面，全面督察区域内重大环境污染与生态破坏案件，帮助地方开展跨省区域重大环境纠纷的协调。设置区域性和流域性的执法机构，着重解决好跨省市区域和流域污染纠纷问题，如京津冀共同流域区的生态环境与经济发展间的矛盾问题。统一区域内环保监察执法尺度，建立统一的环保行政案件办理制度，规范环境执法程序、执法文书，加强环境监察执法信息的连通性。

建立会同其他相关部门的区域内联动环境执法机制。联合环保、公安、工商、卫生、林业等部门建设横向执法体系，协调相关部门齐抓共管，建立各部门之间的联动机制，将环境执法关口前移，形成高效执法合力。完善环境行政执法部门与司法机关的工作联系制度，加大打击环境犯罪行为力度，对严重的环境违法行为依法追究刑事责任。探索联合执法、交叉执法等执法机制创新，推进打击环境污染犯罪队伍的专业化。在环境质量出现异常情况或发现环境风险的情况下，启动有效可行的联动执法机制。

4）提升区域环境监测预警与应急能力

提升区域内环境预警和应急能力。建立各类环境要素的环境风险评价指标体系，开展区域环境风险区划，制定环境风险管理方案和环境应急监测管理制度。建立环境应急监测与预警物联网系统，强化环境监测数据的应用与综合分析预警。加强对重要水源地及生态红线区域的环境质量监控预警，建立畅通的环境事故通报渠道。加强人员培训，完善水、大气应急处理处置队伍。

建立跨界的大气、地表水、地下水等环境预警协调联动机制。强化以流域、区域污染为背景的突发环境事件的应急响应机制，联合开展跨界环境突发事件的应急演练，加强区域组织指挥、协同调度、综合保障能力。对区域应急实行统一指挥协调，对生态环境监测仪器、应急物资等环境应急设施实现紧急共享与统一调配，对预警应急数据进行统一管理，建成突发性环境事故应急监测体系，着力提高区域环境事件应急处置水平。

5）建立完善的区域性环境信息共享网络

建立京津冀区域统一的环境信息网络。提升区域环境信息标准化建设，强化环境统计分析应用水平。实现区域间、部门间环境信息网络互联互通，提高信息数据综合利用率。加强区域环境信息工程建设，提高跨区域环境信息传输能力和安全保障能力，建立区域内环境信息资源共享机制。继续建立并完善京津冀环境空气质量预报平台，实现空气质量预报与污染趋势预测。建立京津冀区域环境信息统一发布平台，通报设计跨区域（流域）的水文、气象、环境质量、重大污染源、环境违法案件等信息，扩大公众对区域内环境问题的知情权和参与权。

构建跨区域的集业务协同、信息服务和决策辅助为一体的信息化工作平台。综合考虑京津冀区域空间地理数据、环境监测预警数据、污染源数据、环境事故数据、电子政务数据及其他环境相关资源数据，建立完善一体化环境大数据分析平台，实现环境信息系统从单项业务独立运行向协同互动型转变，全面推进区域环保业务管理的信息化。

2. 完善政策法规制度

按照生态文明建设的要求，研究制定有效划分各级政府在经济调节、环境监管和公共服务方面的主要职责，正确引导政府领导干部在注重经济增长速度的同时，更加注重资源节约和环境保护。逐步完善干部政绩考核制度和评价标准体系，实行领导责任制和资源环境问责制。重点将节能减排和环境保护作为考核内容，明确各级政府节能减排工作目标，建立节能减排目标责任评价考核体系，制定有关约束和奖励政策。

1）完善法规标准

（1）完善环保法规。落实新环保法的要求，尽快制定针对京津冀区域的发展循环经济、推广清洁生产、控制农业面源污染、生态公益林建设、排污权交易、水源地保护等地方性法规；完善植被保护、水源地保护、节约用水的奖惩制度和流域保护、耕地集约管理、放射性污染等方面的规章和实施方案。建立健全生态补偿机制，制定切实有效的地方生态补偿制度。尽快启动《京津冀区域环境保护条例》的制定工作。

（2）完善环保标准。紧紧围绕环京津冀区域产业结构战略性调整和大气、水、生态、土壤等环境保护重点，针对本区域污染物排放特征和环境管理需求，完善地方环保标准体系。在官厅水库上游、密云水库上游水源保护区等生态环境保护区和敏感区域设立红线区域，继续深化对冶金、建材、化工、采矿等重污染行业环境保护准入制度，制定本区域的各类产业发展的企业准入要求，完善或严格重点行业和区域污染物排放标准或规范。完善落后产能退出政策与标准（目录），规范"区域限批""企业限批"措施。全面推进企业清洁生产强制审核，实施节能节水等合同管理政策措施，有效促进污染防治由末端治理控制向全过程控制延伸。积极推进以首都北京大气环境保护标准为参考，在京津冀区域内逐步衔接各地区的各种排放标准和污染物限值标准。

（3）推行全面的环境准入制度。以环境承载力为依据，全面建立环境准入机制。以空间环境准入，优化产业空间布局，促进区域生产力布局与生态环境承载力相协调；以总量环境准入，统筹产业发展的环保要求，增强各种政策法规和规划之间的环境协调性；以项目环境准入，杜绝"两高一资"建设项目，促进经济结构转型升级。

把主要污染物排放总量控制在环境容量以内，建立实行各类发展项目（企业）的环境准入和退出政策与标准（目录），规范"区域限批""企业限批"措施。禁止建设高能耗、高物耗、高污染的项目，限制现有"三高"产业外延扩张，鼓励发展资源能源消耗低、环境污染少的高效益产业，大力发展战略新兴产业与第三产业，实现增产不增污或增产减污，并大大提高其所占比重。综合运用技术、经济、法律和必要的行政手段，做好污染企业的淘汰、并转等退出工作，为发展腾出环境容量。

充分利用污染减排的倒逼机制，提高产业的资源环境效率，在严格实施地方准入标准和淘汰计划的同时，集合经济激励或补偿政策，引导重污染企业主动退出。要以节能减排和总量控制为手段，为高科技、高技术含量、高效益、低污染或无污染的大项目、好项目留足发展空间，规避发展过程中的环境风险。

2）落实环境保护责任

环境保护是各级人民政府的法定责任。要坚持党政"一把手"亲自抓、负总责和行政首长环保目标责任制。强化地方政府环境目标责任考核，不断提高环保考核在地方政绩综合考核中的权重，对关键环保目标指标考核实行"一票否决"制。各级人民政府主要领导和有关部门主要负责人是本行政区和本系统环境保护的第一责任人。各级人民政府、各有关部门要确定一名领导分管环境保护工作。各级人民政府主要领导每年要主动向同级人大常委会专题汇报环境保护工作。有关部门负责人每年要向同级人民政府专题汇报各自职责内的环境保护工作。下级人民政府每年要向上一级人民政府专题汇报环境保护工作。各级人民政府要支持环境保护部门依法行政，每年要专门听取环境保护部门工作汇报，解决存在的问题。完善各级政府实施环境保护相关规划和计划的评估机制，定期向同级人大报告各种环境保护相关规划和计划的执行情况。建立和完善地方政府对环境质量负责的制度措施，主动作为，大力调控，建立强势环境政府。

3）强化环保目标考核

通过预警落实责任和加大考核环保指标比重，不断健全环保约束机制。大幅度强化与考核地方政府环境绩效、评估规划实施成效、反映区域环境质量变化的能力建设考核，增加质量目标的内容。考核结果作为市、县党政领导班子及其成员绩效考核的重要指标。建立环境保护和生态建设责任追究制度，对因决策失误、未正确履行职责、监管工作不到位等问题，造成环境质量明显恶化、生态破坏严重、人民群众利益受到侵害等严重后果的，依法追究有关领导和部门及有关人员的责任。

4）强力应对环境违法行为

完善环境保护问责制，落实《环境保护违法违纪行为处分暂行规定》（监察部、国家环境保护总局令第 10 号），严肃查处失职、渎职和环境违法行为。重点查处违反环境保护法律法规、包庇或纵容违法行为、损害群众环境权益的案件，着力解决地方政府的环境违法行为和监管不力等问题。

集中开展环保专项行动后督察。对环保专项行动以来查处的环境违法案件和突出环境问题整治措施落实情况、环保重点城市饮用水源地、已经被取缔关闭企业（生产线）停电、停水、设备拆除等措施的落实情况开展后督察，整改不到位、治理不达标的，一律停产整治。

以促进污染减排为目标，集中开展城镇污水处理厂和垃圾填埋场等重点行业专项检查。严肃查处污水处理厂建成不处理直接排污、超标排污和污泥直排等环境违法行为；彻查已建成的生活垃圾填埋场规模、防渗措施、渗滤液排放等环节。

以让不堪重负的江河湖海休养生息为目标，集中开展重点流域污染企业的专项整治。对重污染流域仍然超标排放水污染物的企业，责令其停产整治或依法关闭；对不符合国家产业政策的造纸、制革、印染、酿造等重污染行业企业进行检查，凡仍未淘汰的落后产能，依法责令其关闭；对 2007 年以来水污染防治设施未建成、未经验收或者验收不合格即投入生产使用的建设项目，责令停止生产使用。

3. 加强制度创新

1）创新环保管理机制

建立环境与发展综合决策机制。综合决策机制是人口、资源、环境与经济协调、持续发展这一基本原则在决策层次上的具体化和制度化。通过对各级政府和有关部门及其领导的决策内容、程序和方式提出具有法律约束力的明确要求，可以确保在决策的"源头"将环境保护的各项要求纳入到有关的发展政策、规划和计划中去，实现发展与环保的一体化。

建立部门间环境与发展联席会议制度。在京津冀区域内建立国务院各相关部门和京津冀三地的环境与发展联席会议制度，就环境与经济重大问题进行协商对话，综合决策。它可以是少数关键部门之间的磋商和会审，也可以是很多相关部门的综合讨论，主要是为了沟通信息和进行决策。部门间联席会议应由综合经济部门和环保部门牵头，不规定会议周期，有需要就举行。例如，就计划在京津冀区域内上马的重大建设项目，在进入法律要求的环境影响评价程序之前，可以由协调机构出面召开职能部门间环境与发展联席会议，讨论总体方向性问题。平时还有很多涉及区域经济发展与环境保护的重大问题，也可通过这些联席会议进行沟通。

推进规划环境影响评价制度。编制土地利用总体规划，城市总体规划，区域、流域和海域开发规划，在规划编制过程中要组织进行环境影响评价，对规划实施后可能造成的环境影响作出分析、预测和评估，提出预防或减轻不良环境影响的对策和措施，否则不予审批。编制工业、农业、畜牧业、林业、能源、水利、交通、城市建设、旅游、自然资源开发等有关专项规划，要在规划草案上报审批前，组织进行环境影响评价；对可能造成不良环境影响并直接涉及公众环境权益的规划，要在该规划草案报送审批前，举行论证会、听证会或者采取其他形式，征求有关单位、专家和公众对环境影响报告书草案的意见。在审批专项规划草案、作出决策前，先召集相关部门代表和专家组成审查小组，审查环境影响报告书。审查小组要提出书面审查意见。在审批专项规划草案时，要将环境影响报告书结论以及审查意见作为决策的重要依据。在审批中未采纳环境影响报告书结论以及审查意见的，要作出说明，并存档备查。对环境有重大影响的规划实施后，规划编制机关要及时组织环境影响的跟踪评价，并将评价结果报告审批机关；发现有明显不良环境影响的，要及时提出改进措施。

环境信息公开机制。公众参与是解决环境问题的根本途径，也是"十二五"期间京津冀区域地区环境保护管理创新的重要内容之一。一方面，政府管理与公众行动相结合，能够增强环境保护的力量。如果每个社会成员都能够从我做起，在决策时充分考虑环境保护的要求，在行动中切实贯彻国家与地方的环境保护法律和政策，就会在全社会逐渐形成自觉的环境保护道德规范，这对于保护环境，实现京津冀区域可持续发展无疑将会具有根本性的意义。另一方面，公众参与也可能增加管理的复杂程度，特别是在首都周边地区公众对环境质量的期待值高，但市场经济下形成的"无利不起早"的观念导致公众主动参与环境保护的积极性不高，因此关键是制定政策，吸引并引导公众参与环境保护。与此同时，公众参与机制的建立有利于化解公众之间、公众与企业之间、公众与政府之间在环境领域不必要的矛盾与冲突、防范环境风险，促进本地区经济社会的和谐发展。

区域环境科技创新机制。随着京津冀区域社会经济的不断发展和资源环境矛盾的日益加剧，区域科技创新能力已成为地区提高环境保护能力、获取竞争优势的决定因素。不断增强区域科技创新能力，从根本上提高环境质量和其经济竞争力，已成为促进区域发展的关键。建设区域科技创新体系，最大限度地提高创新效率，降低创新成本，使创新所需的各种资源得到有效的整合利用，各种知识和信息得到合理的配置和使用，各种服务得到及时全面的供应，是大幅度提高区域创新能力和竞争力的根本途径，也是把国家目标与本地区发展结合起来，提高国家整体创新能力和竞争力，大力推进国家创新体系建设的重要内容。

创新京津冀生态环境保护融资手段。尽快开征生活垃圾处置费，提高污水处理收费标准，利用垃圾处置费和污水处理费收取权质押贷款等试点，探索对新建环保项目推行BOT、TOT，基础设施资产证券化（ABS）等多种社会融资方式，促进饮用水、污水处理等具备一定收益能力的项目形成市场化融资机制。积极促进企业发行债券融资，吸引国家政策性银行贷款、国际金融组织及国外政府优惠贷款、商业银行贷款和社会资金参与京津冀发展建设。以环境为依托进行资本运作，大胆尝试和探索经营城市环境的新途径，通过环境改善，促使环境资本增值，实现环境与经济的良性循环发展，谋求多方共赢。

2）严格资源环境生态红线管控制度

划定生态保护红线能够对京津冀区域的生态空间保护和管控进一步细化，从根本上预防和控制不合理的开发建设活动对生态系统功能和结构的破坏，从而为构建区域生态安全格局、优化区域空间开发结构、实现区域协同发展提供制度支撑和科学依据。

（1）生态功能重要性红线。包括水源涵养、水土保持、防风固沙、防洪蓄洪等生态服务功能极重要的区域，以及各级自然保护区、风景名胜区、森林公园、自然文化遗产、水源保护地等。保护和管控任务在于加大区域自然生态系统的保护和恢复力度，恢复和维护区域生态功能。

（2）生态环境敏感性红线。包括水土流失极敏感区、沙漠化极敏感区、重要的湿地区域、地质不稳定区域、生物迁徙洄游通道与产卵索饵繁殖区等。如北京市密云区、怀柔区、大兴、房山区、通州区以及城市核心区的重要水源涵养地和沙漠化极敏感区，天津市、河北省零碎分布的重要湿地区、水土流失极敏感区、地质不稳定区等。这部分区域对人类活动极其敏感，轻微的人类干扰也会导致这些区域的生态状况发生难以预测的变化，因此需要划定为生态红线进行重点保护和禁止开发。保护和管控任务在于加强生态保育，控制生态退化，增强生态系统的抗干扰能力。

（3）生态环境脆弱性红线。是指在两种不同类型生态系统的交界过渡区域，有选择地划定一定面积作为生态红线，这部分区域生态系统抗干扰能力弱、对气候变化极其敏感。京津冀生态红线脆弱区范围涉及坝上农牧交错生态脆弱区（主要分布于河北省张家口、承德两市北部）、燕山山地交错生态脆弱区（主要分布于天津蓟县）和沿海水陆交接带生态脆弱区（主要分布于天津、秦皇岛、唐山的滨海区域）。保护和管控任务在于维护区域生态系统的完整性，保持生态系统过程的连续性，改善生态系统服务功能，促进脆弱区资源环境协调发展。在坝上农牧交错生态脆弱红线区和燕山山地林草交错生态脆弱红线区内，实施退耕还林还草工程，加强退化草场的改良和建设。在沿海水陆交接带生态脆弱红线区内，加强滨海生态防护工程建设，构建近海海岸复合植被防护体系，严控开发强度。

3）健全多维长效跨域生态补偿机制

以科学发展观为指导，以保护京津冀生态环境、促进人与自然和谐发展为目的，依据京津冀区域的生态系统服务价值、生态保护成本、发展机会成本，把积极探索生态补偿机制作为体制机制创新的重要环节。结合国家生态环境保护和生态补偿动态和需求，在理清京津冀区域生态环境保护补偿现状与实际需求的基础上，从主体确定、补偿方式、补偿资金来源、补偿标准确定依据、资金分配、资金使用、资金管理、监督考评等方面，开展京津冀区域生态补偿机制研究，协调好中央与地方、政府与市场、生态补偿与扶贫、"造血"补偿和"输血"补偿、新账与旧账、综合平台与部门平台等相关利益群体关系，落实生态环境保护责任，探索解决生态补偿关键问题的方法和途径，提出京津冀区域生态补偿的政策建议。为国家有关部门、京津冀区域各级政府建立综合的生态补偿机制和生态保护长效机制提供科学依据和技术支撑。

4）实施排污权有偿使用和交易

在京津冀区域统一试行排污权交易制度。推进排污权指标有偿分配使用制度。树立环境是资源、是商品的理念，充分发挥市场对环境资源的优化配置作用，积极探索和推进环境资源的价格改革，构建环境价格体系。同步建立排污权二级市场和规范的交易平台，全面推行排污权交易试点，在严格控制排污总量的前提下，允许排污单位将治污后富余的排污指标作为商品在市场出售，形成企业在区域总量控制下的市场进入机制，促进排污者的生产技术进步。

4. 健全社会共治体系

推进公众参与综合决策。积极搭建京津冀区域公众参与平台，通过政府企业与公众定期沟通对话协商、环境咨询调查、公众听证会、公众参与环评、向社会公开征求意见等方式，拓展企业、公众等利益相关方参与环境决策的渠道。建立完善公众参与环境决策的机制，确保公众参与环境决策制度化、规范化。综合决策机制高度重视公众参与的作用，公众可以通过亲身参与，及时了解掌握环境质量状况，并对政府提出建议和意见，帮助政府作出正确决策。京津冀区域要把握以人为本核心，以人民群众得实惠作为推进综合决策的首要目标，引导公众参与综合决策。对直接涉及群众切身利益的综合决策，要通过召开听证会等形式，广泛听取各方面的意见，自觉接受社会公众监督。充分利用媒体向公众宣传综合决策，使公众客观认识各类综合决策对环境可能产生的重大影响，自觉主动参与对决策的监督，成为推动综合决策的主要力量。京津冀区域各级政府和有关部门要建立健全环境信息发布协调机制，及时、准确、统一地公开综合决策信息，保障公众对综合决策的知情权、参与权与监督权。

加强社会监督。高效利用京津冀区域环境信息统一发布平台，完善信息公开机制。发挥人大代表、政协委员在社会监督中的积极作用，推行有奖举报等激励机制，鼓励和引导公众与环保公益组织监督、推动政府和企业履行生态环境保护的责任。推行环境公益诉讼。

健全全民行动格局。充分利用各种形式媒体，开展多层次、多形式的宣传教育活动，倡导文明、节约、绿色的消费方式和生活习惯，提高公众生态环保意识，动员公众参与投入到环境保护中。推行政府绿色采购，鼓励公众购买环境标志产品。

专题二 京津冀区域水资源水环境保障
与生态功能变化及调控研究

摘　　要

　　海河流域是京津冀地区的核心水环境、水生态区，2016 年海河水资源总量达到 387.89 亿 m^3，虽然高于近五年均值，但仍呈现总体减少的趋势。同时，海河流域水资源正面临水质污染严重、水生态极度恶化等问题。针对以上问题，结合水资源、水环境调控方法，本专题中提出若干改进方案和水资源、水环境安全保障策略。此外，本专题讨论了京津冀地区生态环境现状，总结了该地区自然生态系统、城市生态系统目前存在的问题。最主要的问题是城镇生态系统的急剧扩张和转移，造成了农村生态系统的破坏。在评估该地区生态承载力限度的基础上，提出若干提升京津冀生态功能调控策略。

一、概　　述

　　海河流域是京津冀地区最重要的水环境、水生态区。海河流域水资源总量总体呈现减少趋势，同时，部分主要干流干涸程度增大。此外，海河流域水生态、水环境仍然面临以下问题。第一，海河流域水质污染严重超标，2016 年全年总评价河长 15 565.2 公里，其中 I~III 类水河长 5279.0 公里，占评价河长的 33.9%；IV~V 类水河长 3336.9 公里，占评价河长的 21.5%；劣 V 类水河长 6949.3 公里，占评价河长的 44.6%。第二，水体黑臭与生态缺水复合效应突出，水生态极端退化。京津冀区域河流水资源严重短缺及黑臭问题的日益突出，进一步导致了区域内河流生态状况的持续恶化。京津冀 50%以上河流生态状况为中等偏差，亟待治理和修复，河北尤甚。北京和天津生态状况为"差"和"极差"的样点比例高达约 40%，河北的河流生态状况很差，"差"和"极差"的样点比例超过 60%，河流生态退化极其严重。京津冀河流生态状况空间分布规律为：上游段最好，滨海段良好，内陆平原段很差，城市周边较差，远离城市较好。

　　本专题是中国工程院"生态文明建设若干战略问题研究（三期）"项目"京津冀环境综合治理若干重要举措研究"课题的 3 个专项课题之一。本专题在评估海河流域水环境、水生态总体概况的基础上，总结了若干条地区内生态环境恶化的原因，确定了该地区水环境生态改善方向，提出了实现该方向所需的水资源水环境调控与安全保障策略。

二、水资源和水环境保障

（一）水资源和水环境现状

1. 水资源现状

1）海河流域水资源总体特征

2016 年海河流域平均降水量 614.2mm，比多年平均多 14.7%，属偏丰年；全流域地表水资源量为 204.00 亿 m^3，地下水资源量（含与地表水资源的重复量）为 280.43 亿 m^3，水资源总量为 387.89 亿 m^3，占降水量的 19.8%；全流域 150 座大、中型水库年永蓄水总量为 105.23 亿 m^3，比 2015 年年末增加 39.90 亿 m^3。

2016 年海河流域各类供水工程总供水量为 363.11 亿 m^3，其中当地地表水占 22.8%。地下水占 53.7%，外调水占 17.6%。其他水源占 5.9%，全流域总用水量为 363.11 亿 m^3，其中农业用水占 60.6%、工业用水占 13.2%、生活用水占 19.0%、生态环境用水占 7.2%。全流域用水消耗量为 250.80 亿 m^3，占总用水量的 69.1%。

2016 年海河流域废污水排放总量为 55.11 亿 t。其中工业和建筑业废污水排放量 22.08 亿 t，占 40.1%；城镇居民生活污水排放量 26.94 亿 t，占 48.9%；第三产业污水排放量 6.09 亿 t，占 11.0%。

全年期海河流域评价河长 15 565.2km，其中 I~III 类水质河长 5279.0km，占评价河长的 33.9%；IV~V 类水质河长 3336.9km，占评价河长的 21.4%；劣 V 类水质河长 6949.3km，占评价河长的 44.6%。

海河地表水资源量：2016 年海河流域天然河川径年流量为 204.00 亿 m^3，折合径流深为 63.8mm，比多年平均值偏少 5.5%，比 2015 年偏多 88.2%，属平水年。

滦河及冀东沿海水系、海河北系、海河南系和徒骇马颊河水系地表水资源量分别为 41.00 亿 m^3、39.92 亿 m^3、108.78 亿 m^3 和 14.30 亿 m^3。其中，海河南系和徒骇马颊河水系比多年平均值分别偏多 10.1% 和 1.9%，滦河及冀东沿海水系和海河北系比多年平均值分别偏少 22.5% 和 20.6%。

北京、天津和河北的地表水资源量分别为 14.01 亿 m^3、14.10 亿 m^3 和 103.22 亿 m^3，天津比多年平均值偏多 32.4%，北京和河北比多年平均值分别偏少 21.0% 和 10.8%。

2016 年全流域入海水量为 69.28 亿 m^3，其中滦河及冀东沿海水系 16.33 亿 m^3，海河北系 14.44 亿 m^3，海河南系 21.84 亿 m^3，徒骇马颊河水系 16.67 亿 m^3。全流域 2015 年、2016 年及多年平均地表水资源量情况详见专题图 2-1。

海河地下水资源量：地下水资源量是指评价区域内降水和地表水体入渗补给浅层地下水含水层的动态水量（不含井灌回归补给量）。山丘区地下水资源量采用排泄量法计算，包括河川基流量、山前侧渗流出量、泉水溢出量、潜水蒸发量及开采净消耗量；平原区地下水资源量采用补给量法计算，包括降水入渗补给量、地表水体入渗补给量、山前侧渗补给量。

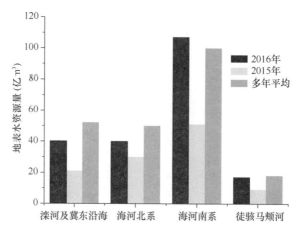

专题图 2-1　海河流域水资源二级区 2015 年、2016 年及多年平均地表水资源量

2016 年海河流域地下水资源量为 280.43 亿 m³，其中山丘区 131.08 亿 m³、平原区 184.08 亿 m³、平原区与山丘区地下水重复计算量为 34.73 亿 m³。滦河及冀东沿海水系、海河北系、海河南系和徒骇马颊河水系地下水资源量分别为 34.87 亿 m³、59.06 亿 m³、153.09 亿 m³ 和 33.41 亿 m³，比 2015 年分别偏多 28.8%、17.0%、42.2% 和 17.7%。

北京、天津和河北的地下水资源量分别为 24.15 亿 m³、6.08 亿 m³ 和 149.75 亿 m³，比 2015 年分别偏多 17.1%、24.8% 和 36.8%。全流域 2015 年、2016 年地下水资源量情况详见专题图 2-2。

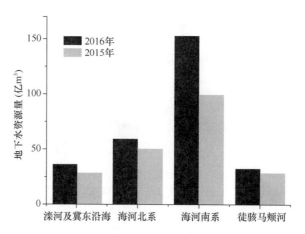

专题图 2-2　海河流域水资源二级区 2015 年和 2016 年地下水资源量

海河水资源总量：2016 年海河流域天然河川年径流量为 204.00 亿 m³，地下水资源与地表水资源不重复量为 183.89 亿 m³，全流域水资源总量为 387.89 亿 m³，比多年平均值偏多 4.8%，比 2015 年偏多 49.0%。全流域 2015 年、2016 年水资源总量情况详见专题图 2-3。滦河及冀东沿海水系、海河北系、海河南系和徒骇马颊河水系水资源总量分别为 58.38 亿 m³、83.06 亿 m³、204.86 亿 m³ 和 41.59 亿 m³，海河南系和徒骇马颊河水系比多年平均值分别偏多 14.8% 和 5.8%，滦河及冀东沿海水系和海河北系比多年平均值分别偏少 7.6% 和 7.0%。北京、天津和河北的水资源总量分别为 35.06 亿 m³、18.92 亿 m³

和 201.75 亿 m³,北京比多年平均值偏少 6.0%,天津和河北比多年平均值分别偏多 20.5% 和 2.3%。

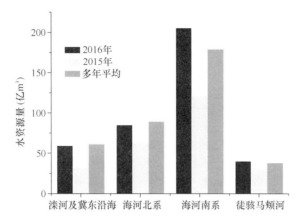

专题图 2-3 海河流域水资源二级区 2015 年、2016 年及多年平均水资源总量

2)海河流域水资源趋势

海河流域水资源量持续减少:就水资源总量而言,自 20 世纪 50 年代逐渐减少。海河流域近 50 年平均水资源总量为 370 亿 m³,最大为 1964 年的 734 亿 m³,最小为 1999 年的 189 亿 m³。按目前海河流域总人口计,海河流域人均水资源量只有 270 m³,全国人均水资源量 2109 m³,海河流域占全国平均的 12.8%,在全国各流域中是人均水资源量最少的流域。

从海河流域水资源变化趋势而言,1956~1979 年全流域地表水资源量平均约为 280 亿 m³,1980~2000 年全流域地表水资源量平均约为 180 亿 m³,比 1956~1979 年时间段降低了近 100 亿 m³,随着降水量的减少和水资源开发利用程度的增加,海河流域地表水资源量持续减少,2001~2007 年段的地表水资源平均量约为 120 亿 m³(专题图 2-4)。

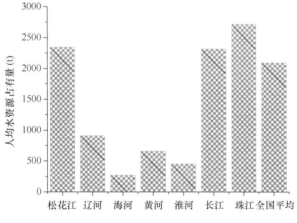

专题图 2-4 全国主要流域人均水资源占有量

导致海河流域水资源量减少的原因主要为流域降水量持续减少。1956~1960 年海河流域降水量为 582 mm,1961~1970 年全流域降水量降低至 564 mm,这一数值到

1971~1980 年变为 543 mm，进入 20 世纪八九十年代，海河流域降雨量变为 504 mm，2000~2007 年降雨量为 505 mm，最近十年的降雨量比 20 世纪五六十年代的降雨量减少了 100 mm。除降雨量总量减少外，海河流域经常发生连续枯水年，自 1980 年来，已发生 1980~1987 年、1999~2005 年两个较长的枯水段。降水量的持续减少和连续枯水年的出现导致海河流域水资源总量持续减少。

水库是流域地表水资源的重要贮存库。对密云水库、官厅水库、王快水库和西大洋水库等海河流域主要水库年径流量的观测显示，1956~2000 年，以上水库的年径流量持续减少。其中密云水库年径流量由 1956 年的 37 亿 m³ 减少至 2000 年的 3.8 亿 m³；官厅水库年径流量由 1956 年的 23 亿 m³ 降低至 2000 年的 7.4 亿 m³；王快水库年径流量由 1956 年的 19 亿 m³ 减少至 2.5 亿 m³。与密云水库类似，西大洋水库年径流量由 1956 年的 14 亿 m³ 减少至 2000 年的 1.5 亿 m³；黄壁庄水库和观台的年径流量由 1956 年的 60 亿 m³ 和 43 亿 m³ 减少至 12 亿 m³ 和 5 亿 m³，观台水库年径流量由 1956 年的 43 亿 m³ 减少至不足 5 亿 m³。

海河流域地表水资源持续减少导致流域入海水量减少。海河流域主要入海河流有 30 多条，根据 1956~2000 年资料统计，流域平均年入海水量为 101 亿 m³，占地表水资源量 216 亿 m³ 的 46.8%。入海水量呈递减趋势，50 年代年径流入海百分率约 70%。从 50 年代后期开始，流域进行了大规模的水利工程建设，70 年代年径流入海百分率降低至 50%。80 年代以后经济社会高速发展，人类活动对下垫面的影响不断加剧，从而使入海水量大幅递减。

海河流域主要河流干涸程度增大：海河流域平原区河流不是季节性河流发育的地区，然而，近几十年海河流域河流季节化特征明显。主要原因为近几十年来，海河流域在气候干旱化日趋严重水资源日趋短缺的背景下，在海河流域主要河流中上游地区修建水库等多种水力设施，导致中部平原区水资源短缺，平原地区工农业发展和城镇用水对水资源的过量开发引起地下水的采补失衡和水位的急剧下降，流域产流能力随之衰减，最终造成河流在枯水季节出现经常性河道断流。

海河流域季节性河流形成于 60 年代中后期，之后海河流域各水系相继出现经常性河道断流现象。对滦河蓟运河等 21 条主要平原河流典型河段（天然河道总长度 3664 km）的断流情况统计发现，60 年代海河流域平原河流的断流天数为 78 天，70 年代河流断流天数增加至 173 天，至 80 年代断流天数增加至 234 天，是 60 年代的 3 倍，至 2000 年，21 条主要河流断流天数增加至 268 天，占到一年总天数的 73.4%。就不同河流而言，60 年代断流天数超过 180 天的河流仅为 2 条，至 70 年代，断流天数超过 180 天的河流增加至 11 条，其中有 6 条河断流天数超过 270 天，80 年代 21 条河流中断流天数超过 180 天的河流高达 15 条，其中断流天数超过 270 天的河流条数为 12 条，其中永定河、滹沱河和子牙河 80 年代平均断流天数均超过 360 天，随着水资源的持续减少，至 2000 年，21 条目标河流中仅白沟河、南拒马河、唐河、滏阳河、卫河、卫运河和漳卫新河断流天数未超过 180 天，永定河等部分河段逐步呈现常年断流。

3）区域水资源开发利用程度分析

海河供水情况分析：2016 年海河流域总供水量 363.11 亿 m³（专题图 2-5）。其中，当地地表水源供水量 82.57 亿 m³，占 22.7%；跨流域调水水源供水量 64.03 亿 m³，占 17.6%；地下水源供水量 194.99 亿 m³，占 53.7%；其他水源供水量 21.52 亿 m³，占 5.9%。流域供水组成情况详见图 2-5。在地表水源供水量中，人工载运水量所占比例为 0.2%，蓄、引、提及跨流域调水工程供水量所占比例分别为 12.8%、28.2%、15.1% 和 43.7%。跨流域调水总量为 64.03 亿 m³，包括引长江水量和引黄河水量。在地下水源供水量中，浅层水、深层水和微咸水供水量所占比例分别为 80.6%、18.8% 和 0.6%。

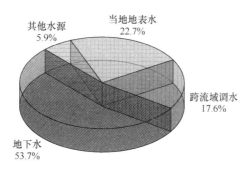

专题图 2-5　海河流域供水组成图

2016 年，北京市总供水量 38.80 亿 m³，其中地表水源供水量 11.28 亿 m³，占 29.1%；地下水源供水量 17.48 亿 m³，占 45.1%；其他水源供水量 10.04 亿 m³，占 25.9%。天津市总供水量 27.23 亿 m³，其中地表水源供水量 19.07 亿 m³，占 70.0%；地下水源供水量 4.73 亿 m³，占 17.4%；其他水源供水量 3.43 亿 m³，占 12.6%。河北省总供水量 180.63 亿 m³，其中地表水源供水量 51.20 亿 m³，占 28.3%；地下水源供水量 123.39 亿 m³，占 68.3%；其他水源供水量 6.04 亿 m³，占 3.3%。

海河用水情况分析：2016 年海河流域总用水量 363.11 亿 m³（专题图 2-6）。其中，农业用水量 220.22 亿 m³，占 60.6%；工业用水量 48.01 亿 m³，占 13.2%；生活用水量 68.90 亿 m³（城镇生活占 45.2%），占 19.0%；生态环境用水 25.98 亿 m³，占 7.2%。与 2015 年相比，全流域总用水量减少 5.39 亿 m³，其中农业用水减少 10.25 亿 m³，主要减少省份为河北省；工业用水减少 1.24 亿 m³，主要减少省份为河北省；生活用水增加 2.12 亿 m³，生态环境用水增加 3.98 亿 m³。全流域用水组成情况详见图 2-6。海河地区共用水量的总结见专题表 2-1。

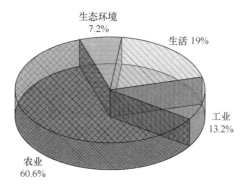

专题图 2-6　海河流域用水组成图

专题表 2-1　　2016 年海河流域分区供水量统计表

分区	供水量				用水量				
	地表水	地下水	其他	总供水量	农业	工业	生活	生态	总用水量
滦河及冀东沿海	14.39	18.69	0.66	33.74	20.39	6.12	6.34	0.89	33.74
海河北系	29.82	41.15	12.08	83.05	36.34	8.95	25.40	12.36	83.05
海河南系	60.78	115.58	8.12	184.48	116.21	26.16	30.31	11.80	184.48
徒骇马颊河	41.61	19.58	0.65	61.84	47.28	6.78	6.85	0.93	61.84
流域总计	146.60	194.99	21.52	363.11	220.22	48.01	68.90	25.98	363.11
北京市	11.28	17.48	10.04	38.80	5.70	3.84	18.16	11.10	38.80
天津市	19.07	4.73	3.43	27.23	11.84	5.53	5.79	4.07	27.23
河北省	51.20	123.39	6.04	180.63	123.53	21.87	28.53	6.70	180.63
山西省	11.89	10.96	1.39	24.24	14.24	4.17	4.38	1.45	24.24
河南省	13.69	21.41	0.03	35.13	19.88	7.48	6.03	1.74	35.13
山东省	38.79	15.92	0.59	55.30	43.98	4.84	5.66	0.82	55.30
内蒙古	0.61	0.93	0.00	1.54	0.88	0.27	0.29	0.10	1.54
辽宁省	0.07	0.17	0.00	0.24	0.17	0.01	0.06	0.00	0.24

海河耗水情况分析：2016 年海河流域总耗水量为 250.80 亿 m³，耗水率 69.1%。其中农业、工业、生活和生态环境耗水量所占比例分别为 67.9%、10.0%、13.8% 和 8.3%，耗水率分别为 77.3%、52.4%、50.2% 和 80.5%。

4）区域水资源开发利用强度与效率分析

水资源开发利用程度：海河流域水资源开发利用程度较高。最近 10 年地表水开发利用率超过 60%；其中海河北系地表水开采率甚至超过 80%；海河南系地表水资源量开发利用率超过 60%；徒骇马颊河地表水开发利用率最低，但也超过了 40%。海河流域地表水开发利用率远远超过了国际公认 40% 的合理上限。

海河流域地下水大规模开采始于 20 世纪 70 年代，随着地表水资源利用率的进一步增加，平原区浅层地下水开发利用率持续增高。平原区 1995~2007 年平均浅层地下水资源量 141 亿 m³，平均年开采量 172 亿 m³，浅层地下水开发利用率为 122%。除徒骇马颊河外，其他 3 个二级区均处于超采状态，其中海河南系浅层地下水开发利用率达到了 149%。平原浅层地下水总体上处于严重超采状态。另外，平原地区还开采了深层承压水，平均每年约 39 亿 m³。地下水的超量开采，造成地下水位急剧下降以及地面下沉、地裂和塌陷等一系列环境地质问题。

京津冀区域水资源及其开发利用现状分析：京津冀区域以占全国 0.9% 的水资源量条件，提供了占全国 4% 的供水量，支撑了占全国 8% 的人口和 8% 的灌溉面积，产出占全国 11% 的 GDP。2013 年京津冀区域总用水总量 198 亿 m³，农业用水占总用水量 63%，其中河北省农业用水比例超过 70%，而北京市农业用水只占 25%，生活和工业用水达到 59%。在供水结构中，地下水是区域主要供水水源，地表水供水占 26%，地下水供水占 67%。地下水采补严重失衡，地下水位持续下降，平原地区 92% 出现地下水超采，是未来地下水控采的最主要区域。京津冀区域各省市 2013 年具体社会经济情况如专题表 2-2。区域各省市供用水状况如专题表 2-3。

专题表 2-2 京津冀区域各省市水资源及社会经济情况

省市	国土面积（万 km²）	灌溉面积（万亩①）	常住人口（万人）	GDP（万亿元）	本地水资源量			本地和南水北调一期水资源量		
					总量（亿 m³）	人均（m³）	亩均（m³）	总量（亿 m³）	人均（m³）	亩均（m³）
北京	1.6	348	2115	2.0	37	175	154	47	222	196
天津	1.2	483	1472	1.4	16	109	89	24	163	133
河北	18.8	6524	7333	2.8	205	280	73	234	319	83
合计/平均	21.6	7355	10 920	6.2	258	236	80	305	279	94
占全国比例	2%	8%	8%	11%	0.93%	12%	41%	1.10%	14%	49%

①1 亩≈666.7m²

在京津冀一体化战略的推动下，京津冀区域将是城市快速发展地区。2008 年以来，京津冀三地城镇人口年均增加 257 万人，其中北京年均增加 73 万人，年均增加生活用水量 2800 万 m³。如果人口增加仍然按照这一幅度，到 2020 年，仅仅考虑人口增加一项因素，南水北调中线一期调水量和北京本地水资源量仅能够维持基本供需平衡，到 2030 年年度缺水将达到 3 亿 m³ 以上，届时如果没有外来水源保证，仍然只能依靠超采地下水来解决，必将陷入新一轮的生态破坏期。

专题表 2-3 2013 年京津冀区域各省市供用水情况 （单位：亿 m³）

省市	供水量				用水量				
	地表水	地下水	其他	合计	生活	工业	农业	生态环境	合计
北京	8.0	20.0	8.0	36.0	16.3	5.1	9.1	5.9	36.4
天津	16.0	6.0	1.8	23.8	5.1	5.4	12.4	0.9	23.8
河北	43.1	144.6	2.6	190.3	23.8	25.2	137.6	4.7	191.4
合计	67.1	170.6	12.4	250.1	45.2	35.7	159.1	11.5	251.5

同时，京津冀区域高耗水产业又相对集中，产业布局与水资源不相适配现象仍然十分突出，既加剧了水资源紧张状况，又限制了水资源利用效率的进一步提升。例如，河北省钢铁、化工、火电、纺织、造纸、建材、食品 7 大高耗水工业用水量占工业用水量的 80% 以上。在农业播种面积中，灌溉用水大的小麦播种比例仍然较大，例如，河北省小麦播种面积 27% 左右。

与京津冀水资源供需严峻情势相对应的是京津冀用水效率和水资源利用程度已经达到很高水平的基本现状，这也给未来水资源供需保障带来很大难度。2013 年，京津冀区域水资源总量利用率达到 70% 以上，水资源开发利用程度很高。用水效率方面，全国省级行政区用水效率比较如专题图 2-7 所示，可以看出，无论是用人均用水量、万元 GDP 用水量、万元工业增加值用水量、亩均灌溉用水量还是用灌溉水有效利用系数等指标评价用水效率，京津冀区域所在省份整体均领先于国内其他区域。从国际上比较，北京、天津，已经接近或达到发达国家水平，第二梯次河北，水资源利用效率优于发展中国家水平但离发达国家还有一定距离，将是未来水资源挖潜关键区域。

5）区域水资源需求、供给预测分析

从京津冀区域开发利用现状和用水水平可以看出，京津冀区域整体水资源开发利用程度高，同时用水效率也已达到较高水平，仅在部分区域农业、工业和城镇生活等仍然

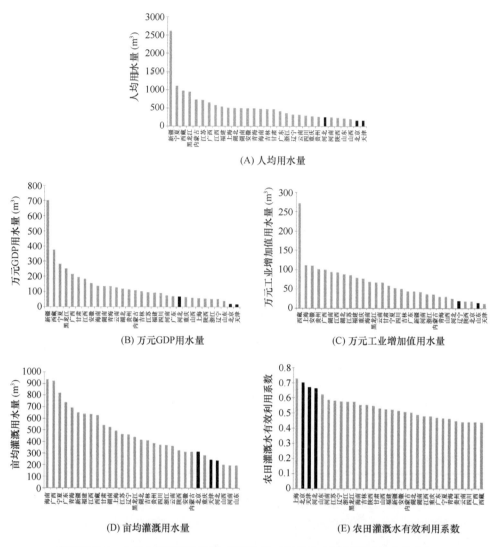

专题图 2-7　全国省级行政区用水效率比较（黑色为京津冀区域包含省市）

存在一定的节水潜力。第一梯队地区为北京和天津，水资源利用率水平整体达到或接近发达国家水平，虽然存量节水潜力有限，但水资源短缺仍将是其长期面对的基本水情，尤其是北京和天津，需要大力实施深度节水战略，充分挖掘各行业节水潜力，适度控制需求规模，推进京津冀一体化战略，稀释人口、城镇化带来的刚性需求，继续增强社会节水意识、完善节水体制机制，遏制奢侈用水和浪费用水的现象。第二梯队（河北），由于地下水长期超采以及经济社会发展导致的用水刚性需求增加等因素，生态环境用水历史欠账较多，高耗水、大污染的工业比重高，需要继续优化产业结构。本次研究以 2030年为未来水平年，从节约用水潜力角度评估京津冀区域未来供需平衡状态，分析水资源对该地区社会经济的支撑能力。

农村节水潜力分析：由于各省市特点和定位不同，京津冀区域不同省市农业节水应采取不同的适宜性对策措施，主要包括结构节水、农艺节水和管理节水三个方面。通过调整农业产业结构、转变发展方式，构建与区域定位相一致的农业产业模式和规模，挖掘结构节水潜力；通过渠系工程配套与渠系防渗、管道化输水、喷灌、微喷、滴灌等，挖掘工程节水潜力；通过土地精细平整和畦块整理、良种化和平衡施肥以及深耕、深松、免耕栽培、地膜覆盖、秸秆覆盖等保墒措施等，挖掘农艺节水潜力；通过制定合理农业灌溉水价、水资源统一管理、节水灌溉政策法规、组织管理、经济机制、宣传教育和科学灌溉等，挖掘管理节水潜力。最终应达到《节水灌溉工程技术规范》（GB/T 50363—2006）规定："灌溉水利用系数，应符合下列规定：大型灌区不应低于 0.50；中型灌区不应低于 0.60；小型灌区不应低于 0.70；井灌区不应低于 0.80；喷灌区不应低于 0.80；微喷灌区不应低于 0.85；滴灌区不应低于 0.90。"假定到 2030 年区域全面达到规范目标，根据区域不同类型灌区面积比例和发展目标，结合相关研究不同类型灌区灌溉节水与资源节水的比例关系，区域农业资源节水潜力约为 6.7 亿 m^3。

工业节水潜力：京津冀地区工业节水重点在于现有工业，新兴工业原则上应符合当时的节水标准。提升工业用水效率的方向主要在于调整产业结构，限制高耗水工业规模；提高管理水平，加强计划用水，严格控制废污水的排放；改造工业设备和生产工艺，更新换代用水装置、改进生产工艺、推广节水器具；促进工业内部循环用水，提高水的重复利用。工业节水潜力评价首先是分析科学技术进步和节水型工业结构调整对节水的影响，在此基础上，综合采取各类节水措施，提高工业用水重复利用率，进一步降低工业用水定额，提高工业用水效率。2030 年区域工业节水潜力为 3.9 亿 m^3。

城镇生活节水潜力：城镇生活用水需求取决于城镇人口规模、节水器具推广应用和节水意识提升情况等。根据《建筑给水排水设计规范》和《室外给水设计规范》规定的居民生活用水定额标准，结合京津冀区域现状用水定额的实际情况以及今后各区域发展的差异，预测京津冀区域城镇生活用水需求量。在此基础上，通过节水宣传与提高水价、推广使用节水器具、中水利用和管网改造减少输水漏失等途径，进一步促进城镇生活节水。预计到 2030 年，区域城镇生活节水潜力可达到 7.7 亿 m^3。

未来供水需求：根据《全国水资源综合规划配置阶段关键成果》，充分考虑节水对压缩用水需求的作用，2030 年京津冀区域社会经济需水总量将增加到 317.1 亿 m^3，其中各行业节水对降低需求增量的贡献为 20.7 亿 m^3，但水资源需求总量仍比 2013 年实际用水量净增 65.5 亿 m^3。城镇生活和生态用水增量占主要地位，接近 7 成；工业用水由于节水挖潜，用水效率有所提高，但由于刚性需求仍有所提高，农业用水则得到有效抑制，基本维持不变（专题图 2-8）。

未来供给方面：根据《全国水资源综合规划配置阶段关键成果》，依据京津冀区域本底水资源条件和水生态环境状态，按照地表供水基本维持现状、地下水严格控采并保持适当修复、再生水和海水淡化等非常规水源大力发展、充分利用南水北调东中线一期调水量的原则，评估 2030 年区域供水潜力，基本结果如专题图 2-9。

供需匹配分析：供求方面，根据区域本底水资源条件和水生态环境状态，按照地表供水基本维持现状，充分利用区域内南水北调一期工程调入水量，增加非常规水源利用量，并控制地下水超采并适当恢复地下水。需求方面充分挖掘节水潜力 20.7 亿 m^3，同时考虑支撑区域快速城镇化带来的城镇生活用水的刚性增加，综合平衡分析，2030 年京津冀区域可供水量约 302.9 亿 m^3，需水量达 317.1 亿 m^3，仍然缺水约 14.2 亿 m^3，而且缺口主要以城镇生活和工业刚性需求为主，主要位于河北省，缺水威胁尚未彻底消除。

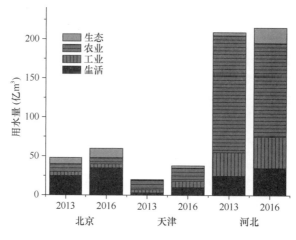

专题图 2-8 京津冀区域各省市用水现状及需水预测

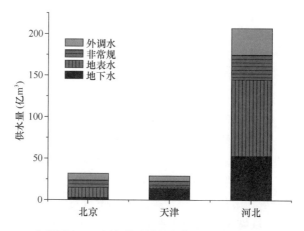

专题图 2-9 京津冀区域各省市 2030 年供水量

为了保障京津冀区域水资源安全，修复受水区水生态环境，促进京津冀区域未来社会经济发展可持续发展，从水资源角度而言，应该"内部挖潜，外部调水"，充分挖掘用水潜力、高效利用外调水、必要补充外调水（专题图 2-10）。

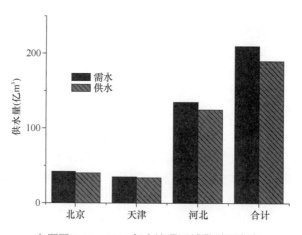

专题图 2-10 2030 年京津冀区域供需平衡表

2. 水环境现状

1）海河流域水环境质量状况

根据 2016 年环境状况公报，海河流域为重度污染，主要污染指标为化学需氧量、五日生化需氧量和氨氮。Ⅰ类占 1.9%，Ⅱ类占 19.3%，Ⅲ类占 16.1%，Ⅳ类占 13.0%，Ⅴ类占 8.7%，劣Ⅴ类占 41.0%。

2）黑臭水体问题突出

根据生态环境研究中心 2013 年数据，北京、天津、河北的黑臭水体比例分别为 33%、97%、35%（专题图 2-11）。黑臭水体分布不均，石家庄山区的黑臭水体的比例为 10%，而石家庄平原的黑臭水体比例高达 86%。

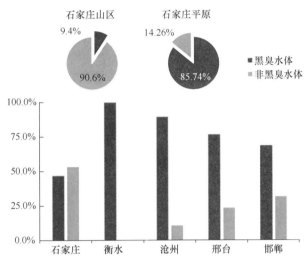

专题图 2-11　河北部分地区黑臭水体比例示意图

3）流量不足导致河流动力学弱化

根海河流域平原河流水力连通性恢复所需环境流量为 22.67×10^8 m³，栖息地完整性恢复所需环境流量为 95.68×10^8 m³。平原闸坝林立，河道片段化、渠库化，河流连通性差，流动性差，河流动力学过程基本消失。区域主要水系流量保障率基本在 30%以下，各大水系年均流量均无法满足流域栖息地完整性所需环境流量（专题图 2-12）。

4）主要河流非常规水源补给特征显著

2001~2012 年，海河河流污径比范围为 18.2%~71.6%，平均污径比 35.7%，在 2002 年污径比高达 71.6%（专题图 2-13）。主要河流的补给规律如专题图 2-14 所示。

5）区域典型河流中新兴污染物的空间分布

如专题图 2-15 所示，PPCP 广泛分布于山区、城市和农田，其中城市和农田中 PPCP 污染较高，山区地带 PPCP 污染程度相对较低。

6）新型污染物组成分析

新型污染物主要是药物和个人护理品（PPCP），具体种类如专题图 2-16 所示。农田和城市地区中咖啡因（CAF）占比最高，同时城市地区中磺胺嘧啶（SDZ）和磺胺甲噁唑（SMX）等药物的比例也较高。城市污水处理厂是城市中 PPCP 的主要来源，而农村地区分散的点源和面源是农村地区 PPCP 的主要来源。

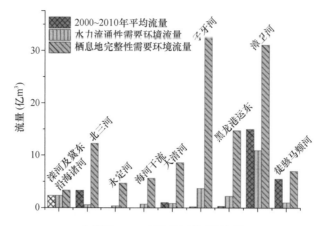

专题图 2-12　不同流域河流流量

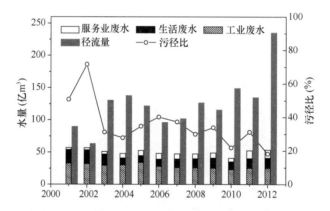

专题图 2-13　海河径流量、污径比及无水分类（2000~2012 年）

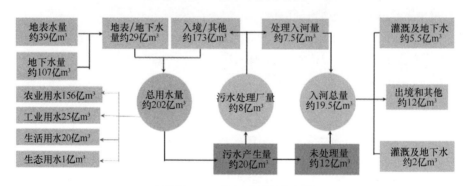

专题图 2-14　海河流域补给规律

7）河流生物群落结构异化，生物多样性低

如专题表 2-4 所示，海河流域水生生物物种贫化，底栖动物群落多样性水平较低，Shannon-Wiener 指数为 0.22~2.73。

8）河流生境质量差，水生态功能退化严重

如专题表 2-5 所示，海河流域 50%以上河流生态状况为中等偏差，不能够为生物群落提供适宜的生存和繁殖栖息地；超过30%的河流生境为极差，中部平原段和下游滨海段达到45%以上。

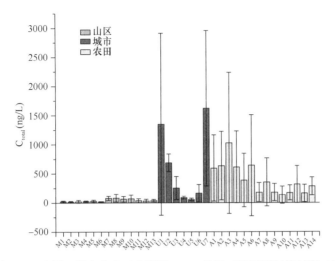

专题图 2-15　山区、城市和农田中不同 PPCP 的量（彩图请扫描封底二维码）

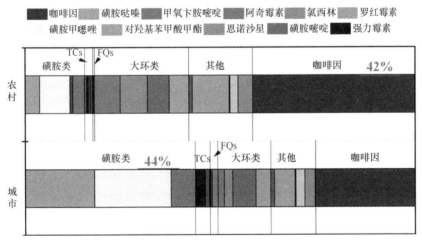

专题图 2-16　新型污染物 PPCP 的种类和分布（彩图请扫描封底二维码）

专题表 2-4　海河地区生物多样性评价

项目	H': 0~1	H': 1~2	H': 2~3
样点数	60	137	39
样点比例	25.4%	58.1%	16.5%

专题表 2-5　海河流域河流生态状况统计表　（%）

生态状况	北京	天津	河北
优	33.33	23.81	16.75
良	7.41	11.90	6.60
中	18.52	19.05	13.20
差	14.81	23.81	16.75
极差	25.93	19.05	46.70

9）京津冀区域地下水面临水质性和水量性缺水压力

区域累计超采量超过 1550 亿 m³，已经形成了大量漏斗区，引发地面沉降、地裂缝等环境地质问题。1959~2003 年平原区浅层地下水水位下降显著，部分区域水位差接近30m。

区域 72%浅层地下水受到污染，三致污染已有监测；集中式地下水饮用水源地保护区和补给区内，存在 1135 个潜在地下水污染源；填埋厂、化工厂、加油站等地下水污染源 1.26 万个，40%存在地下水污染。

（二）区域水环境存在的问题及挑战

1. 河流流域水质污染严重超标

对全流域主要河流的水质状况按照全年、汛期和非汛期进行评价。2016 年全年总评价河长 15 565.2 公里，其中 I~III 类水河长 5279.0 公里，占评价河长的 33.9%；IV~V 类水河长 3336.9 公里，占评价河长的 21.4%；劣 V 类水河长 6949.3 公里，占评价河长的44.6%。汛期总评价河长 14 979.7 公里，其中 I~III 类水河长 4878.7 公里，占评价河长的32.6%；IV~V 类水河长 4108.1 公里，占评价河长的 27.4%；劣 V 类水河长 5992.9 公里，占评价河长的 40%。非汛期总评价河长 15 212.7 公里，其中 I~III 类水河长 5044.7 公里，占评价河长的 33.2%；IV~V 类水河长 3309.9 公里，占评价河长的 21.8%；劣 V 类水河长 6862.1 公里，占评价河长的 45.1%。总体来看，2016 年度全流域主要河流水质状况全年、汛期、非汛期变化不大。海河流域水系水质状况如专题图 2-17 所示。

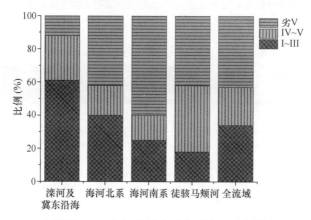

专题图 2-17　海河流域水系水质状况百分比图

与 2015 年相比，2016 年海河流域主要河流 I~III 类水所占比例由 34.2%下降至33.9%，IV~V 类水所占比例由 20.0%上升至 21.5%，劣 V 类水所占比例由 45.8%下降至44.6%。总体上，2016 年海河流域水资源质量状况较 2015 年变化不明显。河流主要超标项目有氨氮、化学需氧量、高锰酸盐指数等。

按照滦河及冀东沿海水系、海河北系、海河南系和徒骇马颊河水系对水资源质量状况进行评价。滦河及冀东沿海水系 I~III 类水占评价河长的 60%以上，水质状况较好；海河北系 I~III 类水约占评价河长的 40%；海河南系和徒骇马颊河水系 I~III 类水占评价河长的不到 30%。

从行政分区看（辽宁未参与评价），北京和内蒙古水质较好，I~III 类水占其评价河长的 80%左右；天津和河南劣 V 类水河长接近其评价河长的 70%；山西和山东劣 V 类水占其评价河长的 40%左右。

2016 年，对流域内白洋淀、衡水湖、昆明湖、福海、东昌湖 5 个重点湖泊 270.44km^2 水面进行了水质评价。水质为 I~III 类的湖泊水面面积为 7.54km^2，占评价面积的 2.8%；IV~V 类的湖泊水面面积为 212.65km^2，占 78.6%；劣 V 类的湖泊水面面积为 50.25km^2，占 18.6%。河北白洋淀评价水面面积为 221.44km^2，其中 27.53km^2 为 IV 类水，157.48km^2 为 V 类水，36.43km^2 为劣 V 类水，主要超标项目是五日生化需氧量、总磷和化学需氧量；河北衡水湖评价水面面积为 41.46km^2，其中 27.64km^2 为 V 类水，13.82km^2 为劣 V 类水质，主要超标项目是五日生化需氧量、总磷和高锰酸盐指数；北京昆明湖评价水面面积 1.94km^2，为 II 类水；北京福海评价水面面积为 1.40km^2，为 III 类水；山东东昌湖评价水面面积 4.20km^2，为 III 类水。5 个重点湖泊中，福海、昆明湖、东昌湖为轻度富营养，白洋淀、衡水湖为中度富营养。

流域内 70 个省界断面中，洗马庄、永定河桥 2 个断面全年河干不参加评价，参加评价的 68 个省界断面中全年水质为 III 类的省界断面 17 个，占评价断面总数的 25%；IV~V 类的省界断面 9 个，占评价断面总数为 13.2%；劣 V 类的省界断面 42 个，占评价断面总数的 61.8%。主要超标项目为化学需氧量、高锰酸盐指数、总磷、氨氮和五日生化需氧量。

流域内参加评价的 480 个水功能区中有 147 个达到水质目标，达标率为 30.6%。其中一级水功能区（不含开发利用区）达标率为 32.8%，二级水功能区达标率为 29.7%。在一级水功能区中，保护区达标率为 22.2%，保留区达标率为 58.8%，缓冲区达标率为 32.1%。在二级水功能区中，饮用水源区达标率为 45.3%，工业用水区、农业用水区、渔业用水区和景观娱乐用水区达标率分别为 26.9%、20.3%、75.0%和 30.7%，过渡区达标率为 11.1%，排污控制区全部不达标。按水体类型统计，河流类水功能区全年达标率为 32.1%；湖库类水功能区全年达标率为 15.3%；水库类水功能区全年达标率为 35.3%。主要超标项目为氨氮、化学需氧量和五日生化需氧量等。

2. 水体黑臭与生态缺水复合效应突出，水生态极端退化

京津冀区域水资源总量持续减少，持续增加的需水量迫使人们对河流水资源过度开发，导致河流断流长度和断流天数持续增加，京津冀区域河流"季节性"断流特征逐步明显。对滦河蓟运河等 21 条主要平原河流典型河段（天然河道总长度 3664 km）的断流情况统计发现，20 世纪 60 年代平原河流的断流天数为 78 天，70 年代河流断流天数增加至 173 天，至 80 年代断流天数增加至 234 天，是 60 年代的 3 倍，至 2000 年，21 条主要河流断流天数增加至 268 天，占到一年总天数的 73.4%。其中永定河、滹沱河和子牙河 80 年代平均断流天数均超过 360 天。

京津冀区域河流水资源严重短缺及黑臭问题的日益突出，进一步导致了区域内河流生态状况的持续恶化。京津冀 50%以上河流生态状况为中等偏差，亟待治理和修复，河北尤甚。北京和天津生态状况为"差"和"极差"的样点比例高达约 40%，河北的河流

生态状况很差，"差"和"极差"的样点比例超过 60%，河流生态退化极其严重。京津冀河流生态状况空间分布规律为：上游段最好，滨海段良好，内陆平原段很差，城市周边较差，远离城市较好。北京–廊坊–天津一线河流生态状况一般，局部退化严重。河北南部区 50% 以上河流生态严重退化，亟待治理，沧州稍好。概言之，近半数的河流水体已经不能够为水生生物群落提供适宜的生存和繁殖栖息地，亟待治理和修复。京津冀平原区普遍地表断流，湿地萎缩，功能衰退，流域生态系统由开放型逐渐向封闭式和内陆式方向转化。

造成京津冀区域水环境问题突出的深层次原因主要表现在三个失衡：一是水资源总量不足，开发利用过度，经济社会发展与区域水资源关系严重失衡，成为京津冀区域水环境态势严峻的主要根源；二是区域人口密集、产业聚集，城市群用水排水带来的水污染物排放聚化效应突出，河流天然径流减少，社会–自然二元水循环失衡，河流非常规水源补给特征突出是区域黑臭严重的直接原因；三是缺乏区域水环境管理联动协调机制，水资源利益不均衡，上下游城乡布局与产业发展缺乏整体统筹设计，准入标准、排放标准、执法力度缺乏协同机制，区域经济发展与水生态保护的空间失衡，是京津冀水生态极端不健康的重要原因。

总体来看，京津冀区域水资源约束很强，水环境污染很重，河流生态系统退化很严重，水资源、水环境、水生态与经济社会发展之间彼此失衡，水生态文明建设水平严重滞后于区域经济社会发展的要求，已成为京津冀一体化和国家生态文明建设的重大瓶颈制约。

（三）水资源水环境调控与安全保障策略

1. 技术途径打造"山水林田湖海"水生态格局

1）基本内涵和特征

基本内涵："山水林田湖生命共同体"，从本质上深刻地揭示了人与自然生命过程之根本，是不同自然生态系统间能量流动、物质循环和信息传递的有机整体，是人类紧紧依存、生物多样性丰富、区域尺度更大的生命有机体。

基本特征：①整体性：对于影响国家生态安全格局的核心区域、濒危野生动植物栖息地的关键区域，要将"山水林田湖海"作为一个整体，破除行政边界、部门职能等体制机制影响，开展整体性保护。②系统性：对于生态系统受损严重、开展治理修复最迫切的重要区域，要将"山水林田湖海"作为一个陆域生态系统，在生态系统理论和方法的指导下，采用自然修复与人工治理相结合、生物措施与工程措施相结合的方法，开展系统性修复。③综合性：对于环境问题突出、群众反映强烈的关键区域，要将山水林田湖作为经济发展的一项资源环境硬约束，开展区域资源环境承载能力综合评估，合理调整产业结构和布局，强化环境管理措施，开展综合性治理。

2）基本思路和目标

基本思路：通过外部调水以及增强内生最终达到饮用水健康持续的目标。在已有的黄河水为水源的基础上，充分利用长江水中线和长江水东线作为京津冀区域的外部输入，缓解地区供水压力，为饮用水安全提供基础保障。同时，为了配合完成饮用水持续健康的目标，增强内生是非常必要的。主要通过以下几个方面完成。①产水：合理控制外源污染对地表水和地下水的污染；保护现有清洁流域，防止其失去水源地功能。在保护现有清洁流域的基础上，通过生态修复手段，进一步扩大清洁流域，增强流域产水性能，为饮用水健康持续提供基础。②涵水：保护并修复森林、草地等生态区，维持并恢复其涵水性能。借鉴建设海绵城市的思路，合理设计城市、乡村等人类居住地的蓄水/排水构筑物，综合森林、草地等生态区，共同提升区域涵水性能。③节水：京津冀区域人口密度高，但是水资源总量较少。应通过充分调研工农业用水需求，合理分配现有水资源在工业、农业领域的比例，以最合适的分配体系达到最高的水资源利用率。④净水：经过充分调研，确定京津冀区域水污染点源和面源，结合地区经济发展规律，采用合适的水处理前端、末端技术应对水体污染。通过以上外部和内部的协同作用，最终达到饮用水健康持续的目的。

完成目标：构建水生态廊道，控制地下水超采并适当恢复地下水，保障生态基流，打造"山水林田湖海"水生态格局。

2. 构建水健康循环与高效利用模式

1）基本内涵和特征

水健康循环：基于水的自然运动规律，合理科学地使用水资源，不过量开采水资源，同时将使用过的污水经过再生净化成为本地径流以及下游水资源的一部分，使得上游地区的用水循环不影响下游地区的水体功能，水的社会循环不破坏自然水文资源的规律，从而维系或恢复城市乃至流域的健康水环境，实现水资源的可持续利用。

水资源高效利用：合理利用雨水以及污水处理后的再生水；完善工业前端技术，源头上做到水资源高效回收和再利用；发展海水淡化等技术，丰富水源多样性，提升水源利用率。

2）基本思路和目标

基本思路：通过发展新技术、完善工农业管理等措施，达到水源多样性的目的，为构建水健康循环和高效利用提供技术支持。水源包括常规水源和非常规水源，常规水源是指地表水和地下水，针对常规水源的健康循环和高效利用主要应解决的问题是水源的开采程度和常规水源在工农业中的合理分配。而对于非常规水源，主要应解决的问题是：①技术革新，发展新技术，实现商业化的海水淡化；②管控及治理工农业排放，合理采用现有技术或改良生产工艺，实现污水或废水在工农业中的内部循环；③完善健康风险评价与管理技术系统，统筹规划水健康循环和高效利用。

完成目标：①开辟以再生水为主的非常规水源，管控环境风险，将水的自然循环和社会循环有机结合，形成健康、高效、绿色的水循环与水利用模式。②开展地下水污染有效控制，加强饮用水氟、硝酸盐等污染控制，保障饮用水安全。

3. 发展与水生态承载力相适应的生产生活方式

1）基本内涵和特征

基本内涵：流域水生态承载力是水资源承载力、水环境承载力、生态承载力的有机结合，它综合体现了水体的资源属性和环境价值，同时也从水生态角度测度了自然生态系统对人类社会经济的承载能力。

水资源供需、生态系统弹性力和环境容量成为流域水生态承载力的主体内涵，同时也是判断水生态系统健康的信号指示灯。一旦水资源的供需平衡无法满足，生态系统受到了其自身无法代谢平衡的破坏或者环境污染物的排放超过了一定的容限，水生态系统的健康状况就会亮起红灯，流域发展处于水生态超载状况。从表现上，流域水生态承载力研究的出发点和归宿点均是保证自然资源环境和人口社会经济发展的平衡。

基本特征：①基于水的资源属性的供需平衡分析；②基于水体纳污能力的环境容量分析；③基于流域生态系统稳定性的生态弹性力分析。这三个方面有所交叉又各有侧重，但是最终的目的是为了实现承载力的主体自然资源环境与客体人口社会经济科技的和谐发展。

2）基本思路和目标

农业：根据水资源总量进行种植结构调整、休耕农田节水、限水灌溉稳产。

工业：结合水体纳污能力和生态容量，继续优化产业结构，限制和淘汰高耗水、高污染产业。

人居：综合考虑生态系统稳定和弹性，合理进行城市布局，人口规模应适应水分布，倡导节水生活方式。

完成目标：以水定城、以水定人、以水定产。

4. 提升水环境质量，保障区域水生态健康

1）基本内涵和特征

生态与水相辅相成，有了良好的生态，水体的自净能力就会得到维系；有了水质与水量的保障，良好的生态就会得到有效保护。所以在抓好水污染治理的基础上，更要注重水生态保护。确立保护优先、自然恢复为主的基本方针，建立水生态保护与修复制度体系，增强水生态服务功能和水生态产品生产能力。

2）基本思路和目标

源头控制：加强化工、制药、钢铁等主要行业的源头减排和清洁生产，控制重金属、持久性污染物的环境风险。

技术革新：推动生活污水处理提标升级，减少营养盐和新兴污染物的环境排放。

绿色农业：发展绿色农业，减少化肥、农药施用，推广清洁养殖，降低农药和抗生素等的环境暴露。

完成目标：恢复河流良好的生态系统，生物多样性显著提升。

5. 建立区域水环境质量协同管理体系

1）基本内涵和特征

质量提升并实现流域尺度与行政区划尺度相结合。在流域尺度科学决策，在行政区划尺度高效管理，能够保证流域总量控制的科学性和可操作性。同时，还可突破以流域为单元进行科学决策和以行政边界为单元进行管理的两个空间层次无法完全重合的困境。

精准化与差异化相结合。通过对流域水环境污染风险等级进行精细化的划分，能够

有效避免"一刀切"的管理方法所导致的总成本投入大幅度增加，而实际产生的生态效益却较为有限的困境。

协调发展并以最小代价实现水环境质量改善。有必要对政策措施的成本–效益进行分析和评价，选择成本效益高、便于推广，且可接受度高的政策措施实施，是决定措施是否适用的关键步骤。

2）基本思路和目标

立法：制定《生态–环境–资源红线保护法》，建立生态保护红线管理制度。

立标：统一区域流域环境标准，建立水资源–水环境联合预警与环境协作执法体制。

配套管理：创新绿色发展评价制度，实施领导干部环保政绩考核。

补偿机制：建设基于水生态承载力的产业发展机制，构建区域生态补偿机制。

完成目标：完善信息公开与公众参与机制，建立生态环境政务管理平台。

6. 京津冀产业协同调配，污染减量化

京津冀一体化须要解决产业协同调配问题，单一地把北京地区的制造业、污染较大的产业迁往河北、天津等地只能暂时缓解北京地区的问题，但是产业分工和布局还缺少整体上的规划，根本上很难达到高融合、高效益、协调发展的目标。

产业协同发展的主要问题体现在两个方面。一是经济区与行政区不一致。一个发达的经济区是一个经济单元，内部是开放的、协调的，是以产业布局为核心的，而行政区以利益协调为核心。当前京津冀一体化主要作用是大气污染的联防联控、交通的一体化和产业的转移，与过去有了很大的转变，但是距离京津冀都市圈内部开放、协调还有很远的距离。二是经济基础与基础设施基础的不一致。相对于北京的经济发展和基础设施建设，天津和河北，特别是河北严重不足，在协同发展上很可能出现在建设上的各地资金发展的不足、交通的不协调问题。

资源和环境问题是京津冀协同发展的重大挑战，如何实现京津冀的协同与可持续，就需要对京津冀的生态环境进行协同治理。首先，发展理念由"3R"向"5R"转变：再思考、减量化、再利用、再循环、再修复。再思考，即不仅研究资本循环、劳动力循环，还要研究自然资源循环；减量化，既包括原有的生产原料投入的"减量化"，还延伸到满足人们的合理需求；再利用，从一物多用、废物利用延伸到充分利用可再生资源，大力加强基础设施与信息资源的共享，大力发展以废物为原料的"再制造"；再循环，把经济体系由生产过程粗放的开链变为集约的闭环，形成循环经济的技术体系和产业体系；再修复，不断地修复被人类活动破坏的生态系统，与自然和谐也是创造财富，也是生产的目的。

7. "半城市化"与农村污染治理

"半城市化"是指农村搬迁到乡镇或县城（非大规模城市）的过程。此过程是解决农村分散污染治理的有效方式。农村生活污水主要为冲厕污水和洗衣、洗米、洗菜、洗澡废水。污水中主要是生活废料和人的排泄物，一般不含有毒物质，往往含有氮、磷等营养物质，还有大量的细菌、病毒和寄生虫卵。因生活习惯、生活方式、经济水平等不同农村生活污水的水质水量差异较大，污水有如下特点和问题：①污水分布较分散，涉及范围广、随机性强，防治十分困难，管网收集系统不健全，粗放型排放，基本没有污水处理设施。②农村用水量标准较低，污水流量小且变化系数大（3.5～5.0）。③污水成分复杂，但各种污染物的浓度较低，污水可生化性较强。"半城市化"的过程缓解了上述特点中的突出问题，比如范围广、随机性强。在半城市化的推进中，农村污染虽然总量增加，但是由于半城市化的统一性，使得污染更加集中化，从而适应了更高的排放标准。

三、生态功能变化及调控

（一）京津冀生态环境现状

1. 生态系统构成稳定，农田、森林和城镇是主体

京津冀城市群主要包括五大生态系统类型。其中，农田生态系统为主要的生态系统类型（专题图 2-18）。2015 年，农田生态系统面积为 94 234.12km^2，占京津冀城市群总面积的 43.66%，森林生态系统为京津冀城市群第二主要的生态系统类型，面积为 71 447.81km^2，占京津冀总面积的 33.10%。就空间分布而言，森林生态系统主要分布在京津冀城市群的北部和西北的承德、北京、秦皇岛和保定等城市。农田生态系统主要分布在京津冀城市群西南方向，特别是衡水、沧州、廊坊等城市。

随着京津冀城市群城市化的不断推进，京津冀城市群生态系统类型发生着快速的变化（专题图 2-19）。尤其以城镇生态系统的快速增加和农田生态系统的快速消失为主要特征。2000~2010 年，京津冀城市群城镇生态系统显著增加，面积从 17 858.10km^2 增加到 21 634.86km^2，占比从 8.28% 增加到 10.03%，而 2010~2015 年间，城镇生态系统持续增加，占比从 10.03% 增加到 10.73%。相比较 2000~2010 年，2010~2015 年，京津冀城市群农田生态系统的下降较少，占比从 44.47% 下降到 43.66%。

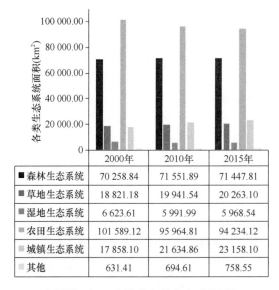

	2000年	2010年	2015年
■ 森林生态系统	70 258.84	71 551.89	71 447.81
■ 草地生态系统	18 821.18	19 941.54	20 263.10
■ 湿地生态系统	6 623.61	5 991.99	5 968.54
■ 农田生态系统	101 589.12	95 964.81	94 234.12
■ 城镇生态系统	17 858.10	21 634.86	23 158.10
其他	631.41	694.61	758.55

专题图 2-18　京津冀各类生态系统面积

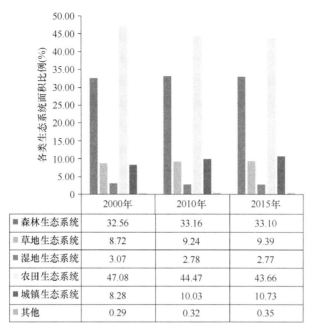

	2000年	2010年	2015年
■ 森林生态系统	32.56	33.16	33.10
▨ 草地生态系统	8.72	9.24	9.39
■ 湿地生态系统	3.07	2.78	2.77
农田生态系统	47.08	44.47	43.66
■ 城镇生态系统	8.28	10.03	10.73
▨ 其他	0.29	0.32	0.35

专题图 2-19　京津冀城市群各类生态系统面积比例

2. 突出的土地利用变化是城镇生态系统扩张迅速

2000 年，京津冀城市群城镇生态系统占比为 8.28%，其中各城市城镇生态系统比例相差较大，天津、北京以及廊坊具有最高的城镇生态系统类型比例，分别为15.3%、13.3%和 14.6%（专题图 2-20）。而承德的诚征生态系统类型比例仅占城市总面积的 1.39%，为京津冀城市群的最小值，但是其森林生态系统占比为 73.7%，为京津冀城市群的最小值。

随着城市化的进程，到 2010 年，京津冀城市群的城镇生态系统类型比例逐渐增加，占比增加到 10.0%。其中天津的城镇生态系统类型比例已经超过 20%，达到 23.1%，其次为北京，城镇生态系统类型比例为 18.0%。相比较于 2000 年，到了 2010 年，农田生态系统类型的变化比较显著，京津冀城市群农田生态系统比例从 47.0%下降到 44.4%，其中，北京和石家庄农田生态系统类型下降较多，占比已经达到 18.6%和 47.8%（专题图 2-21）。

到 2015 年，京津冀城市群城镇生态系统类型比例达到 10.7%（专题图 2-22）。其中，天津城镇生态系统类型比例持续快速增加，已经达到 24.6%，廊坊城镇生态系统类型比例超过北京，达到 18.7%。对于京津冀农田生态系统而言，各城市都保持一定量的下降。

3. 生态系统转移最为剧烈是农田向城镇的转移

2010~2015 年，京津冀城市群生态系统类型转移变化同样很快速（专题表 2-6）。只有城镇生态系统类型一定程度上有增加，其中，最主要的部分是由农田生态系统类型转换而来，面积为 $1933.99km^2$。除了农田生态系统类型之外，森林生态系统类型同样发生了较大的下降，主要转换为草地生态系统（$898.50km^2$），农田生态系统（$751.26km^2$）。

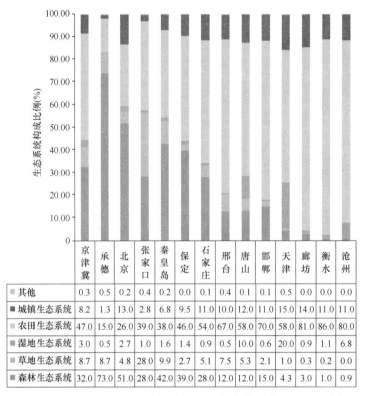

	京津冀	承德	北京	张家口	秦皇岛	保定	石家庄	邢台	唐山	邯郸	天津	廊坊	衡水	沧州
■ 其他	0.3	0.5	0.2	0.4	0.2	0.0	0.1	0.4	0.1	0.1	0.5	0.0	0.0	0.0
■ 城镇生态系统	8.2	1.3	13.0	2.8	6.8	9.5	11.0	10.0	12.0	11.0	15.0	14.0	11.0	11.0
▫ 农田生态系统	47.0	15.0	26.0	39.0	38.0	46.0	54.0	67.0	58.0	70.0	58.0	81.0	86.0	80.0
■ 湿地生态系统	3.0	0.5	2.7	1.0	1.6	1.4	0.9	0.5	10.0	0.6	20.0	0.9	1.1	6.8
■ 草地生态系统	8.7	8.7	4.8	28.0	9.9	2.7	5.1	7.5	5.3	2.1	1.0	0.3	0.2	0.0
■ 森林生态系统	32.0	73.0	51.0	28.0	42.0	39.0	28.0	12.0	12.0	15.0	4.3	3.0	1.0	0.9

专题图 2-20　京津冀城市群各城市 2000 年生态系统类型构成比例

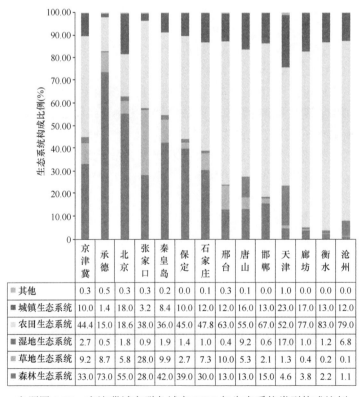

	京津冀	承德	北京	张家口	秦皇岛	保定	石家庄	邢台	唐山	邯郸	天津	廊坊	衡水	沧州
■ 其他	0.3	0.5	0.3	0.3	0.2	0.0	0.1	0.3	0.1	0.0	1.0	0.0	0.0	0.0
■ 城镇生态系统	10.0	1.4	18.0	3.2	8.4	10.0	12.0	12.0	16.0	13.0	23.0	17.0	13.0	12.0
▫ 农田生态系统	44.4	15.0	18.6	38.0	36.0	45.0	47.8	63.0	55.0	67.0	52.0	77.0	83.0	79.0
■ 湿地生态系统	2.7	0.5	1.8	0.9	1.9	1.4	1.0	0.4	9.2	0.6	17.0	1.0	1.2	6.8
■ 草地生态系统	9.2	8.7	5.8	28.0	9.9	2.7	7.3	10.0	5.3	2.1	1.3	0.4	0.2	0.1
■ 森林生态系统	33.0	73.0	55.0	28.0	42.0	39.0	30.0	13.0	13.0	15.0	4.6	3.8	2.2	1.1

专题图 2-21　京津冀城市群各城市 2010 年生态系统类型构成比例

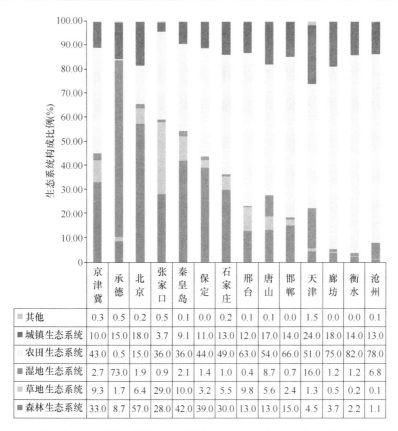

专题图 2-22 京津冀城市群各城市 2015 年生态系统类型构成比例

专题表 2-6 2010~2015 年京津冀城市群生态系统类型转移矩阵 （单位：km²）

	森林生态系统	草地生态系统	湿地生态系统	农田生态系统	城镇生态系统	其他	总计
森林生态系统	69 571.22	898.50	50.40	751.26	256.71	37.96	71 566.06
草地生态系统	581.97	17 770.34	73.57	1 244.88	219.48	55.92	19 946.16
湿地生态系统	18.79	69.35	0.27	185.39	148.57	116.76	539.13
农田生态系统	1 133.82	1 239.87	271.31	91 331.65	1 933.99	66.89	95 977.53
城镇生态系统	127.25	133.26	79.42	704.39	20 580.13	14.20	21 638.64
其他	14.76	150.24	33.55	16.55	17.01	464.53	696.64
总计	71 447.81	20 261.55	508.52	94 234.12	23 155.89	756.27	

4. 灌丛、草地生态系统质量不断提升

2000~2010 年，灌丛生态系统质量明显提高，优良级质量灌丛占比由 0.12%上升到 0.83%，差级质量灌丛由 82.32%下降到 63.35%。2010~2015 年，灌丛生态系统质量明显提高，优良级质量灌丛占比由 0.83%上升到 1.97%，差级质量灌丛由 63.35%下降到 53.99%（专题表 2-7）。

专题表 2-7   2000~2015 京津冀区域灌丛生态系统质量及变化   （%）

生态系统质量	2000 年	2010 年	2015 年
优	0.01	0.10	0.25
良	0.11	0.73	1.72
中	1.40	5.74	8.90
低	16.17	30.08	35.14
差	82.32	63.35	53.99

2000~2010 年，草地生态系统质量明显提高，优良级质量草地占比由 26.48%上升到 33.78%。2010~2015 年，草地生态系统质量明显提高，优良级质量草地占比由 33.78%上升到 60.84%（专题表 2-8）。

专题表 2-8   2000~2015 年京津冀区域草地生态系统质量及变化   （%）

生态系统质量	2000 年	2010 年	2015 年
优	3.00	17.52	30.63
良	23.48	16.26	30.21
中	37.37	27.77	27.53
低	34.76	35.18	11.13
差	1.40	3.28	0.49

5. 水土流失和土地沙化等问题逐步控制

2015 年，京津冀区域水土流失轻度以上的面积 55 586.4 km^2，比 2000 年 64 824.3km^2 减少了 14.3%，总的程度降低。极重度、重度、中度水土流失比例呈下降趋势（专题表 2-9）。

专题表 2-9   2000~2015 年京津冀区域水土流失面积比例及变化   （%）

等级	2000 年面积比例	2015 年面积比例
微度	69.8	74.3
轻度	25.8	22.1
中度	2.9	2.1
重度	1.3	1.0
极重度	0.2	0.2

2015 年，京津冀区域沙化土地面积 1140.1km^2，比 2000 年 2065.3km^2 减少了 44.8%。尽管不同程度沙化土地面积的比例在不断变化，总体而言，中度以上沙化土地面积的绝对面积在不断降低（专题表 2-10）。

（二）生态环境治理问题及挑战

1. 自然生态系统退化严重，森林、灌丛、草地质量低

森林生态系统退化严重，优良等级森林生态系统面积比例不到 4%。优良等级灌丛

生态系统面积比例才 2%。优良等级草地生态系统面积比例达到 60.84%。森林、灌丛和草地生态系统质量亟待提升（专题表 2-11）。

专题表 2-10　2000~2015 年京津冀区域沙化土地面积比例及变化　　（%）

等级	2000 年面积比例	2015 年面积比例
轻度	0.5	9.3
中度	76.7	43.4
重度	13.8	29.3
极重度	0.1	0.7
沙漠	8.8	17.3

专题表 2-11　京津冀区域森林、灌丛和草地生态系统质量等级　　（%）

质量等级	森林面积比例	灌丛面积比例	草地面积比例
优	0.52	0.25	30.63
良	3.14	1.72	30.21
中	15.18	8.90	27.53
低	42.14	35.14	11.13
差	39.02	53.99	0.49

2. 城市热岛效应强度增加、范围扩大

随着城市化进程的加快，一方面，城市生态系统面积不断增加，尤其以北京、天津为核心，城市面积快速扩张；另一方面，城市不透水地面面积不断增加。二者导致热岛强度增加，大城市的热岛逐渐由孤岛转化为热岛链或热岛群。

3. 生态系统健康度和生态承载力有待提升

生态承载力：评价结果表明，京津冀区域承载力较高的区县有 142 个，主要分布在京津地区和河北省的东南部和西南部，所在县域面积约占区域总面积的 63.0%；承载力中等的地区有 40 个区（县），主要分布在河北省的西北部和中南部，如围场县、沽源县、崇礼县等以及北京市大兴区、昌平区，所在县域面积约占总面积的 26.0%；承载力低的地区有 21 个区（县），主要分布在河北省的西北部和中南部，如康保县、张北县、饶阳县、南宫市，大名县等，所在县域面积占总面积的占 11.0%。

生态系统健康度：评价结果表明，京津冀区域生态系统健康度较高的区（县）有 123 个，包括京津和河北省的大部分地区，所在县域面积占总面积的 40.4%；生态系统健康度中等的地区有 47 个区（县），主要分布在河北省的西北部和北部的坝上高原，东北与西部山地，县域面积约占总面积的 38.9%；生态系统健康度低的地区有 33 个区（县），主要分布在河北省的西北部高原与西部太行山区，如康保、阳原、蔚县，武安、涉县、峰峰矿区、唐县，以及中东部与南部的平原地区，如乐亭、滦县、固安、大名等区县，约占总面积的占 20.7%。生态系统健康度中等的地区一般在健康度低的区县外围。

（三）京津冀提升生态功能调控策略

1. 扩大生态空间，科学划定保护红线

扩大生态空间，构建京津冀生态安全格局。科学规划生态保护红线，严格保护具有重要生态服务功能的区域。

2. 以生态承载力为基础合理布局城市与农业空间，降低人类活动对生态系统影响

约60%左右国土面积处于预警与临界预警状态，生态承载力低、国家和省级贫困县、重要水源涵养地和防风固沙区高度重叠，不利于生态保护，如坝上高原地区、燕山太行山山区和黑龙港低平原地区。支持基于生态资源的产业发展，降低山区农牧民对自然生态系统的经济依赖性。

3. 大力开展生态恢复，提高生态系统质量，增强生态产品提供能力

以增强生态产品提供能力为导向，坚持自然恢复为主的生态恢复理念。全面提升森林、灌丛、草地、湿地生态系统的质量。以恢复水系生态功能为目标，开展流域生态治理。

4. 统筹区域生态功能定位，构筑山水林田湖生命共同体

统筹山区、山前平原区与平原区，滨海湿地与近海等不同生态地理区之间的生态关联，以水系为纽带，协调水资源供给与生态、生活和生产用水的供需关系，构筑山水林田湖生命共同体。

专题三　京津冀城乡生态环境
保护与一体化调控研究

摘　　要

京津冀区域生态文明方面总体发展向好，三地差距逐步缩小。京津冀城乡环境治理状况日趋改善，但农村在水、土壤、生态等方面顽疾仍很突出，包括由于京津冀城乡发展的结构失衡引发的生态环境问题，京津冀污染排放存在城乡转移，京津冀城乡对水、土地等资源的竞争性凸显以及生态环境协同治理仍需进一步统筹。究其根本原因，城乡发展差距、关停并转于守住底线的治理思路是本质问题，并且村庄采暖和村镇产业严重污染环境，治理难度大，现有京津冀城乡一体化治理模式仍存在一定问题。本专题在分析京津冀城乡生态环境保护现状及挑战的基础上，确定了京津冀城乡环境保护与一体化目标，从城乡生态环境保护策略、一体化措施等多个方面提出了实现该目标的技术途径及措施。

一、概　　述

按照《京津冀协同发展规划纲要》的谋划，京津冀协同发展的中期目标是到 2020 年，北京市常住人口控制在 2300 万人以内，北京"大城市病"等突出问题得到缓解；区域一体化交通网络基本形成，生态环境质量得到有效改善，产业联动发展取得重大进展。随着京津冀地区对生态环境治理的重视、投资力度的加大，京津冀生态环境综合治理在许多方面取得了显著成效。京津冀生态环境协同发展，正在从蓝图变为现实。治污减排、治水增绿，京津冀区域联防联控，带来环境质量的改善和城市整体水平的提升。然而，京津冀城乡一体化发展进程中仍存在一些问题亟须解决，如城乡污水处理率悬殊较大，乡村污水处理形势依然严峻；冀中南地区的山前平原耗水量大、缺水仍很严重；农业污染虽然有所减缓，但基数大，持续性、累积性强；农村生活垃圾收集、转运和处理能力不足等。

本专题是中国工程院"生态文明建设若干战略问题研究（三期）"项目"京津冀环境综合治理若干重要举措研究"课题的 3 个专项课题之一。本专题在分析京津冀城乡生态环境保护现状及挑战的基础上，确定了京津冀城乡环境保护与一体化目标，提出了实现该目标的技术途径及策略。

二、城乡生态环境保护现状

京津冀区域生态文明方面总体发展向好，三地差距逐步缩小，但随着经济高速发展，城镇化水平进一步加大，京津冀城乡生态仍存在一定差距（专题图 3-1 展示京津冀三地生态文明指数的近 10 年的变化情况），某些方面仍存在一些生态环境问题。

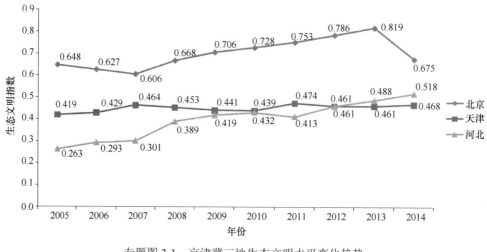

专题图 3-1　京津冀三地生态文明水平变化趋势

（一）京津冀城乡环境治理状况日趋改善，但农村在水、土壤等方面顽疾仍很突出

1. 北京环境治理投资加大，津冀比例渐低但总额提升

按照《京津冀协同发展规划纲要》的谋划，京津冀协同发展的中期目标是到 2020 年，北京市常住人口控制在 2300 万人以内，北京"大城市病"等突出问题得到缓解；区域一体化交通网络基本形成，生态环境质量得到有效改善，产业联动发展取得重大进展。

近十几年，北京在环境污染治理和城镇环境基础设施建设方面的投资力度总体呈上升趋势，在 2014 年两者呈现小幅下降。2014 年以后，天津在环境污染治理和城镇环境基础设施建设方面的投资力度均逐年下降。2011 年以前，河北在环境污染治理和城镇环境基础设施建设方面的投资力度逐年增加，2011 年以后，两方面投资力度均有所减缓。

2003~2016 年，京津冀区域环境污染治理投资总额总体呈增长态势（专题图 3-2）。从投资情况来看，北京投资力度最大，河北次之，天津最小，且投资差距有越来越大的趋势。

生态环境保护，是推进协同发展的重要基础，更是广受瞩目的民生工程。京津冀生态环境协同发展，正在从蓝图变为现实。治污减排、治水增绿，京津冀区域联防联控，带来环境质量的改善和城市整体水平的提升。三地正告别一家一户演"独角戏"，唱响创新发展的"协奏曲"。

2. 城市污水处理率、用水普及率远高于农村，地下水开采减缓

随着京津冀区域对生态环境治理的重视，京津冀区域城镇排水管道长度和污水管道长度均逐年增加，城市污水处理情况逐年得到优化改善。随着工农业用水量增加，京津

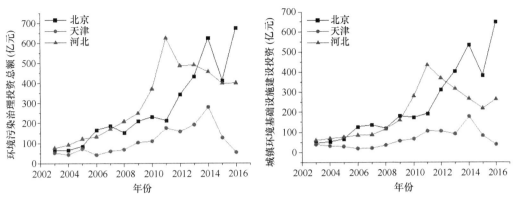

专题图 3-2 京津冀环境投资

冀城市污水排放量虽然逐年增加，但城市污水处理率亦在增加。2016 年京津冀三地城市污水处理率均达到 90% 以上（北京：90.6%；天津：92.1%；河北：95.4%）；城市污水处理厂集中处理率达到 90% 左右（北京：88.0%；天津：91.3%；河北：94.4%）（专题图 3-3）。

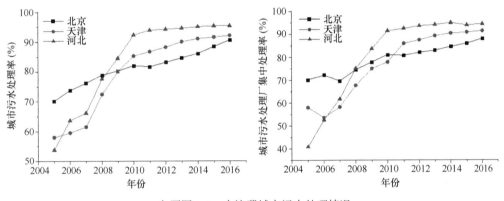

专题图 3-3 京津冀城市污水处理情况

京津冀三地城市污水再生利用量亦逐年增加，其中北京增幅最大，河北次之，天津最小。且北京城市污水再生利用量与天津、河北的差距越来越大（专题图 3-4）。

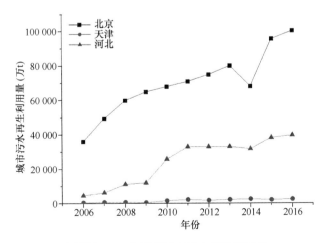

专题图 3-4 京津冀城市污水再生利用量

此外，京津冀城市用水普及率常年稳定在 99%~100%之间，农村用水普及率逐年稳步上升（专题图 3-5）。2016 年，北京农村用水普及率达到 84.8%，天津 93.9%，河北 83.8%；2014 年，北京、天津农村自来水累计受益人口比重接近 100%；河北增长幅度最大，2014 年达到 88.6%（专题图 3-6）。这表明，政府对农村用水环境越来越重视，农村用水普及率越来越高。

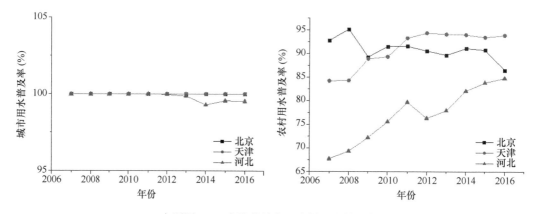

专题图 3-5　京津冀城市、农村用水普及率

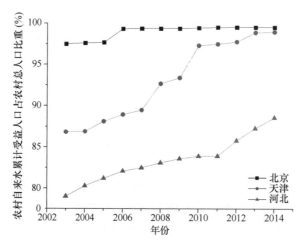

专题图 3-6　京津冀农村自来水累计受益人口占农村总人口比重

水环境是制约京津冀协同发展的重要限制因素，河流更是构成了京津冀区域的血脉。河北省张家口市的壶流河，发源于山西境内，流经河北省蔚县后在阳原县汇入桑干河，最终汇入官厅水库，是"首都水源涵养功能区"的重要水源地。从 2017 年 8 月开始，蔚县对境内 57 公里的壶流河沿线实施生态修复和保护，打造壶流河国家湿地公园。经过湿地的过滤，壶流河的整体水质得到提升，更好地为京津冀区域供水。

此外，华北地下水漏斗区的"锅底"——河北省衡水市，经过 3 年治理，其深层地下水的水位埋深持续回升。2014 年，河北省启动地下水超采综合治理试点，已覆盖 9 市 115 县，目前试点区浅层地下水的埋深下降速率减缓，深层地下水的埋深止跌回升。近年来，天津市开采地下水逐年减少，由此，大幅度、波动性地面沉降得到有效控制。在北京，南水北调工程让水资源战略储备获得改善。江水进京两年多，北京市地下水共压采约 2.5 亿 m³，逐步减缓了下降趋势。2015 年年底，北京市平原区地下水埋深与 2014 年年底基本持平，仅下降 0.09m；2016 年年底，平原区地下水的埋深比 2015 年年底回升 0.52m。

3. 京津冀城乡沙化面积减少，湿地、林地面积增加

随着京津冀对生态环境治理的重视，京津冀区域在城乡园林绿化方面的投资呈波动上升趋势，京津冀区域自然生态系统占用情况亦发生改变，沙化面积减少，湿地、林地面积增加（专题表 3-3）。

专题表 3-1　京津冀自然生态系统占用情况

年份	湿地面积（$10^3 hm^2$）			沙化面积（$10^4 hm^2$）			森林面积（$10^4 hm^2$）		
	北京	天津	河北	北京	天津	河北	北京	天津	河北
2004 年	34.4	171.8	1081.9	5.46	1.56	240.35	37.88	9.35	328.83
2010 年	34.4	171.8	1081.9	5.24	1.54	212.53	52.05	9.32	418.33
2016 年	48.1	295.6	941.9	2.76	1.39	210.34	58.81	11.16	439.33

监测数据表明，2004~2016 年，北京、天津地区的湿地、林地和森林面积呈增加趋势；北京的沙化面积从 2004 年的 5.46 万 hm^2 减少到 2016 年的 2.76 万 hm^2，天津的沙化面积从 2004 年的 1.56 万 hm^2 减少到 2016 年的 1.39 万 hm^2。河北的湿地面积略有减少，但林地面积和森林面积均有所增加，且沙化面积从 2004 年的 240.35 万 hm^2 减少到 2016 年的 210.34 万 hm^2。

4. 城市生活垃圾处理率高，乡村卫生环境状况日趋改善

2007~2016 年，京津冀针对城乡环境卫生方面的投资侧重点略有不同（专题图 3-7）。其中，北京在城市方面的投资呈波动上升趋势，乡村投资力度年际变化不大；天津在城乡环境卫生方面的投资力度没有明显的年际变化；河北在城市方面的投资年际变化不大，但在乡村环境卫生的投资力度逐年增加，且增幅明显（专题图 3-8）。

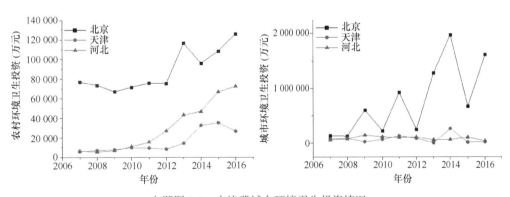

专题图 3-7　京津冀城乡环境卫生投资情况

随着生活垃圾处理技术的日益成熟，环境保护政策的日益完善，以及公众环保意识的增强，京津冀区域城市生活垃圾处理情况越来越好，且城市生活垃圾无害化处理率总体呈逐年增长态势。2016 年，京津冀城市生活垃圾无害化处理率均达到 90% 以上，其中，北京高达 99.8%，天津为 94.2%，特别地，河北的城市生活垃圾无害化处理率从 2006 年的 53.4% 上升到 2016 年的 97.8%。

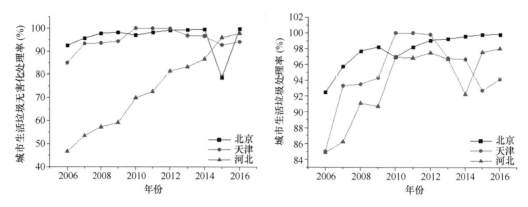

专题图 3-8　京津冀城市生活垃圾处理率和生活垃圾无害化处理率

京津冀区域农村卫生厕所普及率、农村无害化卫生厕所普及率亦呈逐年上升趋势（专题图 3-9）。其中，2010 年之前，北京农村卫生厕所普及率、农村无害化卫生厕所普及率增长迅猛，到 2010 年二者均达到 90%以上，2016 年二者均达到 99.8%；天津农村卫生厕所普及率、农村无害化卫生厕所普及率增长平缓，2011 年以后二者均维持在 90%左右，2016 年二者均达到 94.4%；河北农村卫生厕所普及率、农村无害化卫生厕所普及率保持持续增长态势，但均增长缓慢，农村卫生厕所普及率从 2006 年的 42.63%增长到 2016 年的 73.2%，农村无害化卫生厕所普及率从 2006 年的 20.85%增长到 2016 年的 52.3%。农村卫生厕所普及率、农村无害化卫生厕所普及率京津地区差距甚小，河北省与京津地区的差距正逐年减小，但差距仍然较大。

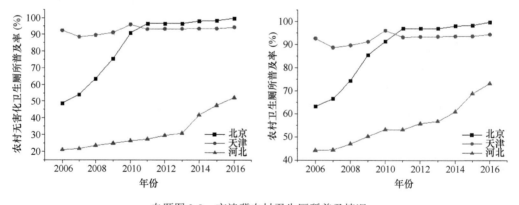

专题图 3-9　京津冀农村卫生厕所普及情况

5. 城乡污水处理率悬殊较大，乡村污水处理形势仍很严峻

京津冀城乡污水投资情况年际变化不同。其中，乡村污水处理投资均呈现波动下降趋势，北京的城市污水处理投资逐年上升，天津、河北城市污水处理投资年际变化不大（专题图 3-10）。

虽然京津冀城市污水处理率在 2016 年均达到了 90%以上，但乡村污水处理情况仍很严峻，形势非常不乐观，乡村污水处理率远远低于城市污水处理率，农村污水处理能力极低。特别是天津、河北地区，乡村污水处理率仅分别为 2.23%和 1.54%（专题表 3-2）。

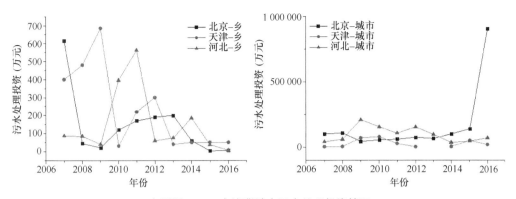

专题图 3-10 京津冀城乡污水处理投资情况

专题表 3-2 2015 年、2016 年京津冀城乡污水处理率 (%)

年份	北京		天津		河北	
	城市	乡村	城市	乡村	城市	乡村
2015 年	88.41	85.45	91.54	/	95.34	1.45
2016 年	90.58	85.96	92.08	2.23	95.37	1.54

注："/"表示无数据

此外，京津冀对生活污水进行处理的行政村比例虽呈逐年增加的趋势，但占比仍然较少，天津地区占比不足 20%，河北地区占比不足 10%（专题图 3-11）。

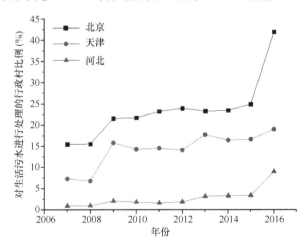

专题图 3-11 京津冀对生活污水进行处理的行政村比例

出现以上现象的原因，一方面是由于政府对农村生活污水处理重视程度不够，另一方面与农村存在现有污水处理设施普遍出现大量闲置及停运的情况有关。北京农村生产、生活废水处理工作大多处于"设备建得起，实际用不起"的窘境。主要是由于北京在选择农村污水处理工艺时，不惜参照城市污水集中化处理工艺，高额投资农村污水设备建设工程，设定高要求的出水水质求，在农村广泛推行高成本的 MBR 膜生物反应器，导致出现管道铺设超长、成本及运行费用高、维修不便、商业模式不清等问题。

6. 冀中南地区的山前平原耗水量大、缺水严重

京津冀区域生产总值占全国 11%，但多年平均水资源量不足全国 1%，人均水资源

量仅为全国平均值的 1/9，且远远低于国际最低限（500m³/人）；区域内 92%的区/县人均水资源量低于国际公认的 500m³ 极度缺水警戒线。水资源条件与经济社会布局极不相称。特别是冀中南地区的山前平原，这里是重要的农业生产区和工业区，耗水量大，缺水严重（专题图 3-12）。

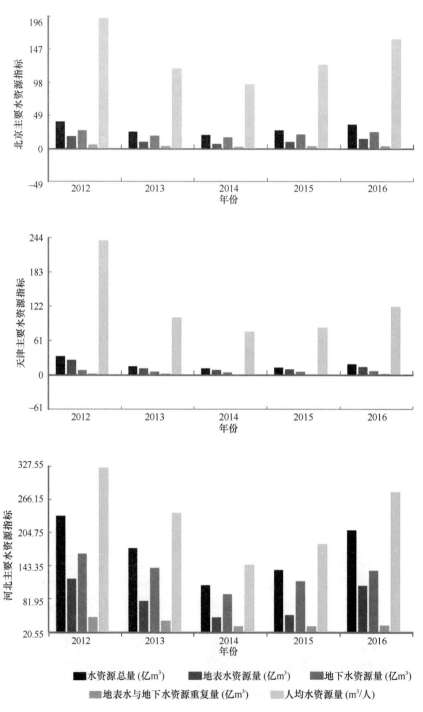

专题图 3-12　京津冀主要水资源指标（2012~2016 年）

由于人口众多，高耗水行业企业大量存在，加上水的再生利用程度不高，导致除外流域调水之外，超采地下水成为当前解决水资源供需矛盾的重要途径。为了支撑经济社会发展，京津冀区域付出了巨大的生态环境代价。

目前京津冀区域重要河流主要河段年均断流 260 多天，湿地面积较 20 世纪 50 年代减少了 75%，1980 年以来海河南系几乎无水入海或仅有少量的污水入海，地下水累计超采量超过 1550 亿 m³，形成了 3.3 万 km² 浅层地下水超采区和 4.8 万 km² 深层地下水超采区，华北平原已经发展成为全球最大的"地下水漏斗"。

由于过量开采地下水，河北平原的第一含水层淡水资源多已干枯，第二含水层也大多已经干涸，除了咸水地区，目前已形成 23 个地下水降落漏斗。而且，京津冀区域的大面积沉降基本已连成片，连成一个特大的地下水降落区。这将导致地表产生地裂，危及各种建筑物安全，也影响土地的平整与农田灌溉；而沉降中心将导致暴雨集中汇聚，形成洪涝区而不能通畅排泄雨洪，危及农作物生长以及城市交通瘫痪；地面沉降导致海水入侵，造成沿海地带的海水淹没等。

2014 年 12 月 27 日，规划半个世纪、施工十余载的南水北调中线工程正式通水。南水千里进京，每年将为北京引来 10.5 亿 m³ 清水，京津冀区域水资源总量也由南水北调前的 258 亿 m³ 增加到 315.6 亿 m³、人均水资源量从 239m³ 增加到 288.7m³、地表径流深从 118mm 增加到 144.5mm，北方严重缺水的局面得到缓解，但仍面临巨大的节水压力。

随着京津冀协同发展战略的大力实施和南水北调东中线工程的相继通水，京津冀区域水资源形势正在发生显著变化，同样的水资源安全保障也面临着新的挑战和要求。亟须将京津冀三地作为一个有机整体，统筹开展水资源问题剖析，集成研发水资源安全保障技术，协同制定水资源安全保障方案，整体解决区域水资源安全问题。

7. 城镇化加剧，城市建设用地增加，河北耕地、土地征用大幅增大

京津冀区域城市和乡村在人均公园绿地面积（专题图 3-13）、绿地率（专题图 3-14）、绿化覆盖率（专题图 3-15）方面的差距仍然很大，城市绿化仍有进步空间，乡村绿化有待加强。

京津冀三地城市人均公园绿地面积、绿地率、绿化覆盖率均逐年增加，而乡村人均公园绿地面积呈波动下降趋势，绿地率、绿化覆盖率则呈现波动上升趋势。

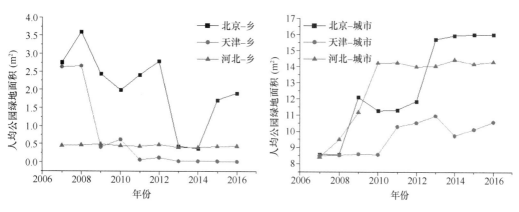

专题图 3-13　京津冀城乡人均公园绿地面积

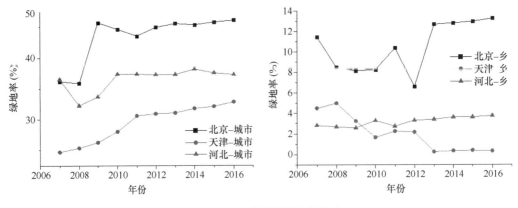

专题图 3-14　京津冀城乡绿地率

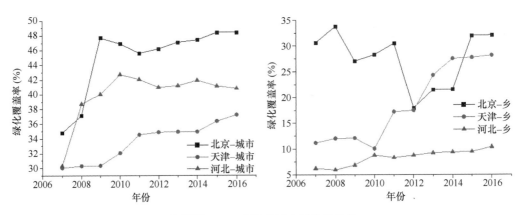

专题图 3-15　京津冀城乡绿化覆盖率

　　随着京津冀区域城镇化加剧，京津冀三地城市建设用地面积逐年增加，且每年均征用一定面积的土地、耕地。其中，北京、天津征用土地、耕地面积逐年减少，与往年相比，2016 年河北土地、耕地征用面积大幅增加（专题表 3-3）。

专题表 3-3　京津冀城市建设用地、征用耕地及土地情况

年份	城市建设用地（10^3hm^2）			征用耕地面积（10^3hm^2）			征用土地面积（10^3hm^2）		
	北京	天津	河北	北京	天津	河北	北京	天津	河北
2010 年	141	69	157	1.8	1.9	1.3	4.6	4.4	3.7
2013 年	150	74	165	0.8	2.0	1.1	3.5	4.1	2.9
2016 年	146	96	194	0.9	0.9	1.5	1.6	2.0	5.0

8. 农村生活垃圾收集、转运和处理能力不足

　　与城市相比，京津冀区域在乡村垃圾处理方面的投资力度相差甚远（专题图 3-16）。这很大程度上与政府对乡村垃圾处理不重视有关。

　　此外，虽然京津冀区域乡村对生活垃圾进行处理的行政村比例呈逐年上升趋势，但河北的比例仍然很少，2016 年才达到 50% 左右（专题图 3-17）。这表明，农民既没有严肃对待生态环境问题，同时乡村也没有建立起合适的垃圾回收管理制度。农村地区垃圾肆意丢弃、无序堆放现象依旧严重。

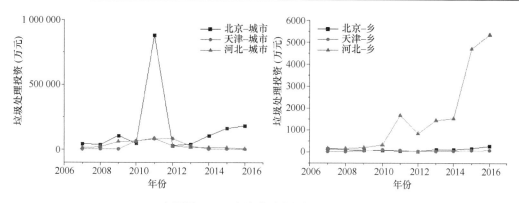

专题图 3-16　京津冀城乡垃圾处理投资

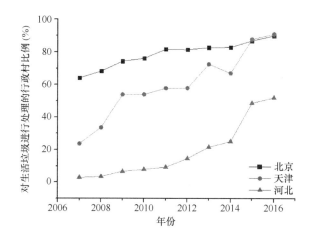

专题图 3-17　京津冀乡村对生活垃圾进行处理的行政村比例

河北垃圾处理处约为 1 座/乡镇。县城生活垃圾处理能力仅为 457.4 万 t，即便生活垃圾全部运至县城处理，也仍有 76 万 t 垃圾（相当于 600 万人的产生量）置于环境中。

（二）京津冀城乡发展存在结构失衡，引发城乡生态环境问题

1. 京津冀城乡资源投入存在明显时空分异

京津冀城市群县域单元资源投入格局存在明显的时空分异，且呈明显的高值区与低值区分化格局。从时序格局变化来看，京津和位于燕山山前平原地区的唐山市辖区在整个研究时段中均为高值区，周边县域资源投入水平随时间呈相对上升趋势，表明该地区依靠京津唐市辖区较强的社会经济发展实力，使得要素集聚效应不断强化，对周边县区的辐射带动作用不断增强。第二类高值区为河北省沿海地区，包括秦沧辖区及周边县区。该区域位于沿海新兴增长区域，是国家重点优化开发区，也是京津城市功能拓展和产业转移的重要承接地。2010 年以后，该区域投入规模得到明显提升。第三类高值区位于冀中南地区。石保邢邯（石家庄、保定、邢台、邯郸）地区是河北省工业化水平、基础设施配套程度、科技文化资源集聚规模相对较高的区域，其资源投入指数在整个研究时段中不断上升，四市市辖区周边县域单元资源投入指数由低值区向高值区转变明显。特别

是石家庄地区伴随省会城市地位的不断提升，以及鹿泉、栾城和藁城的撤县设区，资源投入规模得到进一步加大，对周边地区的辐射作用得到一定程度的提高。

资源投入低值区主要位于河北省北部及西南部地区。北部地区多为高原山地，为国家及省级重点生态功能区，是保障京津冀生态安全的重要区域，因此开发强度较低，资源投入相对较少。西南部县域单元主要为农产品主产区，是国家黄淮海平原农产品主产区的重要组成部分，工业化与城镇化建设强度低，因此资源投入同样相对较少。区域投资指数见（专题图 3-18）。

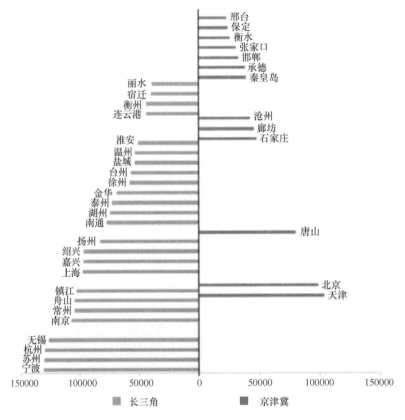

专题图 3-18　2015 年京津冀和长三角地区人均 GDP

2. 京津冀城乡发展水平有缩小趋势，河北仍需均衡发展

京津冀城镇结构失衡，区域发展水平差距悬殊。其中，北京的综合发展指数略有下降；天津的综合发展指数略有上升，从 2004 年的 0.3457 上升到 2013 年的 0.4209；河北的综合发展指数起点低、增长快，由 2004 年的 0.2747 上升到 2013 年的 0.3687，增幅超过天津。

近年来，京津冀三地发展水平有缩小趋势，但北京的各项指标仍明显优于津冀，其核心地位稳固（专题图 3-19）。北京传统驱动力在减弱，创新驱动特征明显，为北京经济转型发展提供了新动力。天津、河北仍以传统驱动力为主，但驱动力和创新力均呈上升态势，这表明津冀创新驱动力正在形成，处于新旧驱动力的交替阶段，转型升级任务仍十分艰巨。京津冀三地凝聚力和辐射力均有"短板"。北京凝聚力下降，辐射力增强，这表明北京已由集聚为主转向疏解和扩散为主的发展阶段。天津凝聚力突出，辐射力不足并低于京冀，这反映了天津仍处于极化集聚阶段，作为区域中心城市的辐射带动作用远未充分显现。河北凝聚力不足，呈下降态势，反映了河北经济增长环境亟待改善；辐射力呈快速上升态势，反映了河北仍具有很大的发展潜力，但完善综合环境和增强凝聚力，把经济做大做强仍是河北的当务之急。

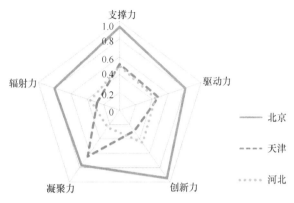

专题图 3-19　2013 年京津冀发展水平及内部结构雷达图

　　京津冀城市群县域经济效益格局存在明显的空间分异，经济效益由沿海地区向内陆地区逐步递减，格局随时间基本保持稳定。第一类高值区分布在京津地区及河北沿海地区。京津市辖区作为京津冀城市群的两大核心，发展起步早，经济本底雄厚，经济效益远远高于其他地区。河北沿海地区包括唐、秦、沧三市辖区及周边部分县区，该区域经济发展区位条件优越，工业基础较为雄厚，经济发展模式具有一定的外向型特征，经济效益相对较高。第二类高值区包括冀中南地区的石家庄、邯郸两市辖区及周边县区，此区域在河北省内工业化发展水平相对较高，现代服务业发展势头强劲，集聚一批装备制造、石油工业、冶金等重工业类型产业，经济效益相对周边地区较高。

　　经济效益低值区则主要分布在河北西北部与西南部。西北部坝上高原山地区和冀北燕山山区为重点生态功能区，是京津和冀东地区的生态屏障，产业发展类型与规模受到一定约束，因此经济效益较低。西南部的黑龙港中北部部分平原地区是国家粮棉油等农产品重要的集中产区，农业地位突出，经济效益产出同样较低。

　　3. 津冀与北京城市规模结构呈现明显断层，易引发生态环境问题

　　津冀与北京发展水平差距较大，与城市群规模结构呈现明显断层有关。由于资源的垄断和行政配置特点，各种资源向大城市和行政中心高度集聚，形成典型的极化特征，导致特大、超大和超特大城市过度膨胀，而小城市和小城镇发育不足。县市城区规模小、公共服务水平不高、聚集效能差；区域内 20~50 万规模 I 型小城市仅为长三角的 1/3；河北省呈"县小县多"的行政区划格局（专题表 3-4，专题图 3-20）。

　　京津冀城镇结构失衡，除了引起资源配置不均、公共服务水平差距渐大之外，还引发一系列生态环境问题。大城市建设用地过度扩张，侵占了农村耕地、湿地等生态资源，同时，建设用地的扩张还会带来一系列环境问题，如造成农村工业垃圾的增多、土壤污染加剧、江河及地下水污染情况的加剧。此外，城镇产业向周边地区及农村转移，虽然

会带动周边及农村地区经济发展,但小城市和小城镇数量多、规模小,无法起到分担大城市社会经济环境压力的作用,"县小县多"的行政区划格局不仅严重阻碍了重大资源和设施的集中配置,还对重污染产业转移后的产业密集度提升和环境治理非常不利。

专题表 3-4　不同区域氨排放总量

地区	施肥量（t）	施肥氨排放（t）	基础排放（t）	氨总排放量（t）	比例（%）
北京	87 700.0	23 377.5	2 386.8	25 764.4	5.9
天津	141 900.0	42 670.3	4 773.6	47 443.8	10.9
石家庄	313 594.6	54 373.2	134.0	54 507.2	12.6
唐山	230 300.2	41 734.6	130.1	41 864.7	9.6
秦皇岛	79 720.4	15 705.0	42.0	15 746.9	3.6
邯郸	253 391.2	44 242.8	152.2	44 395.0	10.2
邢台	190 140.0	33 991.3	149.2	34 140.5	7.9
保定	286 881.4	51 580.0	182.4	51 762.4	11.9
张家口	59 696.6	12 940.1	199.1	13 139.2	3.0
承德	67 611.0	14 013.8	77.4	14 091.2	3.2
沧州	193 379.4	44 627.8	175.1	44 802.9	10.3
廊坊	112 835.0	20 541.3	86.5	20 627.8	4.8
衡水	144 548.6	25 801.9	131.7	25 933.7	6.0
总计	2 161 698.4	425 599.6	8 620.0	434 219.6	100.0

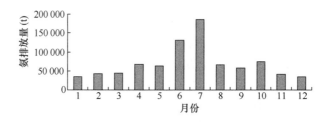

专题图 3-20　京津冀地区不同月份农业源氨排放数量

以京津冀区域的冀中南地区为例,来阐述城镇结构失衡,容易引发生态环境问题。

冀中南地区是全国重要的农业生产区和工业聚集区。冀中南的城镇发育模式,表现为大中城市生长较弱,县城和小城市发展稍好。在京津两个超大城市的辐射和吸引下,河北域内大多数大中型城市皆发育不足,城市人口规模和经济总量相对增长较缓。加之该地区所处平原地带,农业生产和工业开发的用地条件好,与冀中南地区的大中城市相比,县、镇、乡、村的经济反而较为活跃,县及县以下行政单元的人口比重、经济比重皆较大中城市略胜一筹。

与沿海地区长三角、珠三角等较为成熟城市群相比,冀中南地区内小城镇的经济发展与城镇化水平又有较大差距。显现出"小城镇弱于长三角、珠三角,大中城市差距更大"的态势。因此,冀中南城镇化的发展特征呈现一种低端扁平化特征。

此外,冀中南地区工业发展粗放,环境风险较大。村镇企业虽然活跃,但由于分布地域较散,企业规模较小,科技含量较低,整体效益不高,产业升级较为困难。

冀中南地区的农村已经成为违章违规用地的"重灾区",土地利用粗犷,违法占地现象突出。其中,村镇产业用地是违法占地现象主体。由于工业下沉乡镇大多分布于城市规划区范围之外,土地脱离有关部门的监管,且缺乏合法的土地供应渠道。各个村集体从牟利角度出发，沿村边、路边的零散占地，见缝插针，无序蔓延。土地的产出效率低下，也影响了集中环保设施的规划和配置。

村庄采暖和村镇产业严重污染环境，治理难度大。冀中南地区内的山前城镇带，是人口最为密集的地区。这一地区受太行山自然地理条件的影响，污染扩散条件很差。春夏的东南季风带着污染物止步于太行山前，污染物在大气中盘旋沉降；秋冬的西北季风又受到山脉的阻隔，无法带走大气中的污染。因此这一地区极其容易形成严重的雾霾天气。星罗棋布的村镇工业大多缺乏环保设施，为了降低生产成本，它们采用高污染能源进行生产。传统的皮革、纺织印染、五金加工等产业对大气和水体皆有严重污染。村庄人口密集，冬季采暖需求旺盛。在缺乏监管与补贴的情况下，居民尽可能压低采暖成本，普遍采用燃烧劣质煤、木柴、秸秆，甚至废旧轮胎等进行取暖，造成很大的空气污染。据国家环保部统计，在 2017 年全国空气质量相对较差的城市中，冀中南占据 6 个，这里已成为全国空气质量最差的地区。

京津冀城市群县域环境影响指数格局呈明显的时空分异，但不同于资源投入和经济效益的空间格局，呈大范围、连片蔓延分布的空间特征。第一类高值区主要分布在津唐地区，该区经济发展水平、资源投入与经济效益均相对较高。近年来，随着城市与工业规模的不断扩大，环境与社会经济发展矛盾愈加凸显。2006~2010 年，津唐市辖区及周边部分县域单元环境影响指数呈上升趋势，成为沿海环境污染核心区；北京市辖区及周边县域单元环境影响指数则保持稳定态势，污染水平相对周边县区较低。2010~2014 年，天津市辖区环境影响指数有所下降，环境污染问题得到一定程度缓解，但唐山地区县域单元环境污染情况依然较重，这显然与唐山市周边钢铁等重工业企业分布密集、产能集中度过高有关。由于重工业高耗能、高排放的特性使得该区成为环境污染聚集区。第二类高值区主要分布在冀中南地区。从整个研究时段来看，石家庄、邯郸两市辖区环境影响指数始终较高，周边邻近县区环境影响指数随时间推移上升趋势明显，尤其以石家庄为核心向保定、沧州方向逐渐出现连片高值区。该区环境影响指数高的现状主要是由于冀中南地区产业结构粗放、产业层次偏低所致。冀中南地区第一产业和传统工业规模大，而新兴产业规模相对较低，工业仍以钢铁、建材煤化工等资源密集型传统工业为主，主导产品以钢铁、原煤、水泥、原盐、化学原材料等为主，生产过程中因化石燃料燃烧产生的空气污染物排放量始终较高。

低值区则分布在河北北部及西北部地区，这与资源投入、经济效益的低值区格局保持一致。西北部坝上高原山地区和冀北燕山山区绿色农产品加工业、生态产业发展较快。近年来，该区大力发展生态旅游、休闲度假服务业及建设绿色农产品和生态产业基地，因此空气污染物排放量相对较少，环境影响指数始终较低。

环境影响低值区则分布在河北北部及西北部地区，与资源投入、经济效益的低值区格局保持一致。需巩固现有成果，控制经济开发强度。高值区主要分布在河北沿海地区和冀中南地区；弱化这些地区的环境影响是提升地区生态效率的关键。县域单元生态效率正向集聚程度越来越显著，邻域单元生态效率差距则有所缩减。

4. 京津冀土地利用/植被覆盖变化引发生态环境问题的空间分异

2000~2015 年京津冀城市群碳排放（碳源）空间分布呈北部、西部低，中部、南部和东南部高的格局（专题图 3-21）。碳吸收呈现出北部、西部高，东部、南部低的态势（专题图 3-22）。

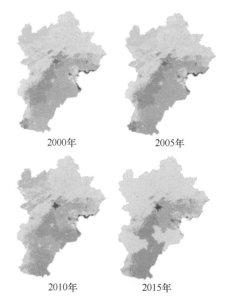

专题图 3-21　京津冀城市群碳排放空间分布格局

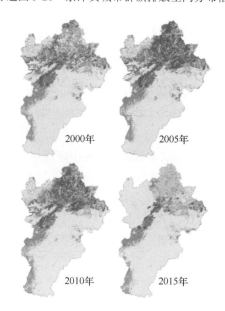

专题图 3-22　京津冀城市群碳吸收空间分布

从城市贡献结构而言，京津唐都市圈和石家庄对碳排放贡献更为明显。其中，唐山碳排放贡献率较高且呈上升趋势，到 2015 年达到最大值（占比为 23.1%）；而天津、石家庄的贡献率基本维持在 19%和 9%左右，波动幅度较小，对总体碳排放速率的增长拉动不大；北京碳排放贡献率呈逐渐降低的趋势。

各城市对碳吸收的贡献率恰恰相反，承德最高，贡献了城市群的 1/3 以上的碳吸收；

张家口和北京的贡献率也相对较大且呈逐年增加趋势。

碳排放/碳吸收量呈现出明显的空间分异特征。碳排放速率呈北部、西部低，中部、南部和东南部高的格局。这主要是由于京津冀中部、东部和南部城市多平原和建设用地，社会经济活动较为复杂，因而碳排放较多；而西部与北部较高的碳排放速率则与较大面积的林地和草地分布有关。在京津冀城市群中，碳排放沿渤海湾沿岸和京津唐等地区呈多中心梯级递减，碳吸收则沿北部和西部地区呈现多中心梯级递减。

在不放弃经济发展的前提下，碳汇增长空间相当有限，而解决碳失衡的路径需要从能源结构与产业发展模式上着手。从优化能源结构方面看，京津冀城市群碳释放的增长主要来源于化石燃料的消费，其中煤炭消费所占比例最大，逐步改善以煤为主的能源结构，增加其他能源种类等所占比例，对降低京津冀城市群碳排放速率。乃至抑制碳平衡程度进一步增加都有关键性作用。

（三）京津冀污染排放存在城乡转移

1. 京津冀农村居民呈高机动化支撑下的城乡双栖、城乡转移、工农兼业的特点

据统计，河北省的机动车保有量名列全国前列。公路的网络化，促进了人口在区域内的快速流动。这就为冀中南地区乡村居民进城务工提供了便捷通勤的保证，也使得居民的出行半径大大增加。

根据该地区的村民调查可知，河北地区农民就业当日通勤的比例为60%～90%。同时，近年来，在京津房价飙升的带动下，冀中南地区城镇商品住宅的价格不断攀升。在高机动化的支撑和高房价的压迫下，居民更加倾向于一边享有产业集聚地工作的机会，一边享有在自有房屋居住的低成本生活。由此就形成了该地区就业地和居住地分离、城乡双栖的生活方式。

在冀中南县域地区，很多农村人口事实上无论是劳动要素属性还是地域要素属性方面都已经实现了城市化。然而由于城市生活能力等因素，还停留在乡村居住。冀中南地区的山前平原农业带一直是传统农业地区，相比起沿海地区盐碱化的土地，这里土地肥沃，农业生产条件较好，土地耕作产出效率高，农业生产收入较好，将大量劳动力吸附在土地上从事第一产业。同时，县域内的村镇工业发达，就业机会较多，农民在农闲时可以就近务工，通过非农性工作所得的工资性收入补贴生活。因此，冀中南地区的域外流动人数较少，多表现为农民亦工亦农的兼业模式，以及就地城镇化的发展模式。

2. 京津冀存在区域间和城乡间的转移

城市间碳转移路径大多集中于交通工矿用地之间。主要包括其他城市北京和天津的碳转移，如邯郸向天津、北京向保定、沧州向承德、北京向秦皇岛、天津向衡水的碳转移。

除交通工矿用地之间的城市间碳转移外，只有天津向北京存在相对较大的转移路径。与之相反，北京向天津的较大的碳转移路径仅一条，即北京的交通工矿用地向天津交通工矿用地的转移。

京津冀城市群负向转移量逐渐增加，在空间上呈现从分散到聚集再到分散的格局，

研究前期主要集中在东北部、中东部，这种格局在研究中期被打破，仅零星分布在京津唐和石家庄；研究后期负向转移破碎化的斑块遍布整个京津冀，成片分布的斑块以京津唐和张家口南部尤为密集。

正向转移量呈现先减后增变化趋势，在空间上呈现出不断聚集的格局。其与转移土地面积呈现同减同增变化，减小幅度相当，而土地面积增加明显高于正向转移量。研究前期主要集中在京津唐地区，随时间推移向中部和南部迁移，到研究后期，正向转移变得非常明显，破碎化斑块几乎遍布整个城市群，主要集中于京津唐地区和张家口、石家庄地区。

土地利用方式的转变会影响到区域碳排放/吸收的变化。在京津冀城市群，耕地向交通工矿用地的转移和交通工矿用地自身碳排放密度变化导致的碳排放最多，且二者交错占主导地位，此外，草地向建设用地转移同样不可忽视。

社会经济活动会加强地区的碳汇能力，同时其他土地利用类型向交通工矿用地的转移及交通工矿等建设用地自身密度变化导致的碳转移，都会影响地区的碳代谢情况。今后应更关注碳源能力快速增加的地区（京津唐和邯郸等地）和碳汇能力快速减少的地区（承德和张家口等地），将其作为调控重点，指定行之有效的调控路径与方案，调控区域社会经济活动，加强社会经济代谢主体的集约化发展，减少对自然主体的侵占，有序引导交通工矿用地转出，实现城市群各代谢主体的协调持续发展。

3. 生态竞争关系在邯郸西侧、京津唐和秦皇岛等城市、北部城市张家口西北部等地分布较为集中

以各城市各土地利用类型为节点，土地组分之间的碳流转为路径，构建城市群碳代谢网络（专题图3-23）。

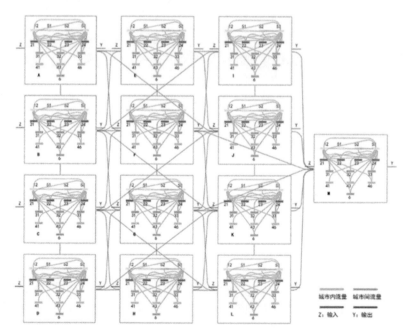

专题图 3-23　城市群碳代谢网络模型

在该网络中，关联强度最大的前 316 条路径流量合计达到网络路径总流量的 96%，但其路径数量却仅占路径总数的 0.8%，这些关键路径可分为三个等级（专题图 3-24）。

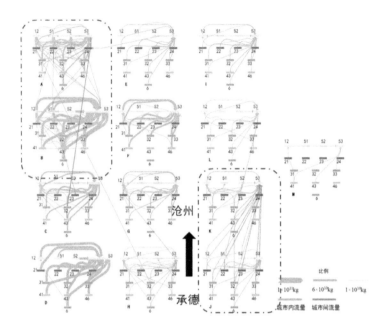

专题图 3-24　京津冀城市群关键路径流量图

Ⅰ级全部为唐山和天津城市内部其他节点向交通工矿用地的转化，这些路径的综合碳流合计占到总碳流量的 46.8%。Ⅱ级为其他土地利用类型的节点向交通工矿用地的转移。仅有一条路径呈现在城市之间，即石家庄的水库向北京的交通工矿用地的转移。Ⅲ级包括城市内部和城市之间。城市内部各节点间的Ⅲ级关键路径中，接近一半的路径都流向耕地。城市间有 27 条路径，其中，19 条（70%）碳流转主要流向交通工矿用地，流量占Ⅲ级碳流量的 13.5%，绝大多数路径流向了沧州的交通工矿用地。

城市间生态关系共 17 550 对，每两个城市之间形成 225 对生态关系，其中掠夺关系最多，共 10 252 对，占总生态关系的 58.4%；竞争关系共 3757 对，占 21.4%；共生关系共 3538 对，占 20.2%（专题图 3-25）。

由此可见，掠夺关系占明显的主导地位，超过 150 对的城市间关系数量占到掠夺关系的 43.8%，北京、石家庄和唐山是最为集中的区域，沧州和衡水次之。

对城市间竞争关系贡献最大的城市是沧州，北京、石家庄和保定紧随其后。此外张家口与承德之间的竞争关系最多，为 92 对。

共生关系主要集中在沧州、衡水、邢台、天津以及承德等城市，少量集中于石家庄和北京等城市。其中北京与承德的共生关系最多，为 89 对。

将识别的Ⅰ、Ⅱ、Ⅲ级关键路径映射到空间上，并用颜色深浅区分不同等级。总体来看，关键路径主要分布在东部、北部和南部地区。其中，Ⅰ级主要集中在京津冀东部唐山和天津两个城市，且呈破碎化零散分布，这种破碎化在唐山尤为明显，天津内部破

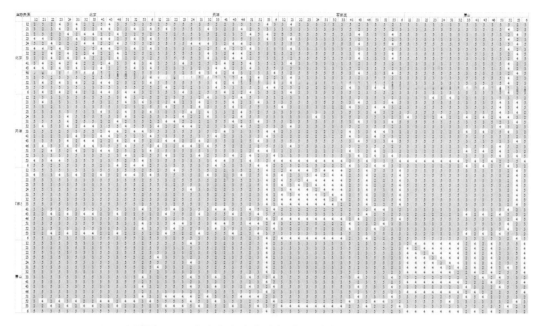

专题图 3-25　北京与京津冀城市群 13 城市之间的生态关系

碎化程度相较于唐山而言较低，且集中于天津南部。Ⅱ级主要分布在城市群东北、西部和南部，依然呈零散分布。Ⅲ级主要分布在京津地区、中南部和南部地区

不同生态关系类型在空间上呈现出较大的分异性。呈现共生关系的区域面积占京津冀总面积的 0.6%，其中一半分布在石家庄。竞争关系在整个京津冀城市群零散分布，在南部城市邯郸西侧、东北部城市京津唐和秦皇岛等城市、北部城市张家口西北部等地分布较为集中。掠夺与控制关系主要分布在京津唐及秦皇岛地区，在邯郸也有零星分布。

（四）京津冀城乡对水、土地等资源的竞争性凸显

1. 京津冀城乡社会经济转型对水能竞争日趋激烈

识别转型过程的风险来源，确定生产、消费部门的源强变化，量化评估其水能影响程度。

（1）水资源污染及竞争性利用削弱京津冀农业协同发展整体性功能

京津冀区域的水资源存在区域内竞争性利用，当北京发展林业产业时，可能会与京津冀区域的其他地区形成资源竞争性利用，因而削弱了京津冀协同发展的整体性功能。

上游地区的污染排放导致北京部分水资源恶化，影响下游天津、河北等地的水体质量。

（2）产业转型的水能影响程度识别

专题图 3-26 显示，水资源消耗的主要部门为农业、轻工业和服务业，能源消费的主要部门为资源加产业和建筑业。水资源消费的行业贡献分布和变化趋势反映了三地区

产业化发展的不同阶段：北京服务业资源消耗贡献最大，但三产比例变化不大；天津三产和工业内部均发生了较大变动，服务业水能消耗贡献明显，而轻工业和机械设备制造业在 5 年间水能消耗增加明显；河北的服务业贡献最少，且在 5 年中并未有明显变化趋势。2007~2012 年，服务业产值贡献越来越少，但资源消耗贡献却呈现明显增加趋势，这一现象在天津体现得更为明显。此外，天津的服务业结构中，生产性服务业对产值和资源消耗都带来了积极的影响，说明现代制造、信息和服务融合发展为节约资源带来可能。能源消耗的行业贡献变化反映京津冀产业多样化发展的趋势，例如，5 年间三地区能源消耗中的主导产业贡献占比均有所减少，而其他部门贡献占比有所增加。

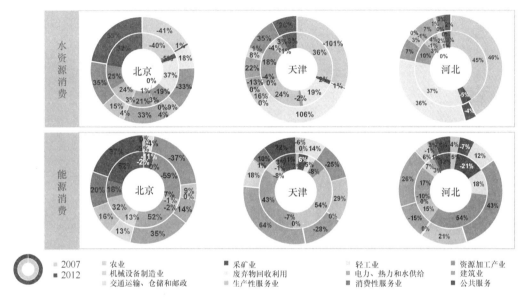

专题图 3-26　京津冀三地产业转型的总体影响

从贸易结构看（专题图 3-27），河北是水能消耗中唯一表现为出口的地区，它的农业、轻工业产品出口带来较大的水资源消耗，而资源加工产业则通过出口带来大量的能源消耗。从 2007 年和 2012 年对比来看，农业出口带来的水资源消耗大幅降低，但资源加工产业能耗有所增加。天津的变化也很明显，2007 年各产业在贸易中的水能消耗量差异不大，但 2012 年其农业（进口）、轻工业（出口），建筑业（进口）、资源加工产业（进口）和电力、热力和水供给（进口）逐渐成为影响水能消耗的重要部门。

生产结构的变化减少了北京的水耗，却增加了天津和河北的水耗（专题图 3-25）。其中，资源加工产业和轻工业的贡献较大。农业、公共服务业和交通运输、仓储和邮政给三个地区都带来了水耗的增加，而机械设备制造业和生产性服务业均对控制水耗带来积极影响。生产结构对节能的消极影响在三个地区都有体现，建筑业、公共服务业和交通运输、仓储和邮政都增加了三个地区的能源消耗，但各个地区引起能耗增加的主导产业有所差异，北京为服务业，天津和河北为建筑业。

（3）消费模式转型对水能的影响力度识别

从消费模式整体变化的相对影响来看（专题图 3-28），消费水平、城市化率和总

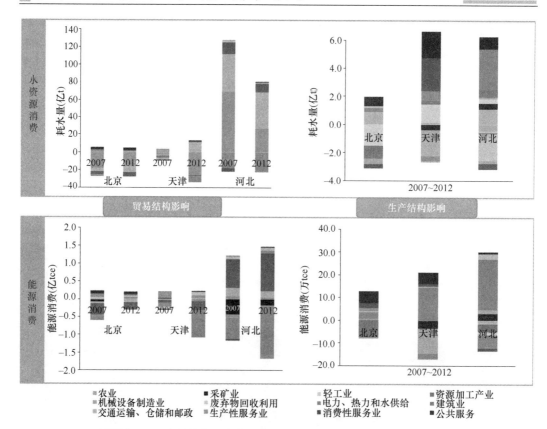

专题图 3-27　贸易结构和生产结构变化影响（彩图请扫描封底二维码）

人口的提高是推动水能消耗增长的主要驱动因素。从绝对影响上，投资引起的各个地区的水耗和能耗变化有相同趋势：北京呈下降趋势，天津和河北呈上升趋势。其中，对建筑业产品的消耗贡献最为明显，特别体现在能源消耗上，河北农业部门的投资推动了水资源消耗的上升，并使得其投资效果从减少和避免水耗转变为增加水耗。城镇居民消费模式对水、能消耗呈现出截然不同的特征，饮食是城镇居民水资源消费的主导。城镇居民的能源消耗结构比水更为分散，尤其是对北京而言。天津和河北城镇居民居住带来的能耗占比相对较高。2007~2012 年，北京和天津的消费模式更趋于多元化。

（4）京津冀城乡水能消费的产业关联关系与方向识别

分析部门间水能流动过程，确定影响水能消费的关键部门，识别协同控制水能资源消耗的潜在风险源（专题图 3-29）。从资源在部门之间的流动来看，北京水资源消费部门的关联较为集中，其中农业占绝大部分，而其他部门的影响极小；天津的电力、热力和水供给部门、河北的采掘业的水资源消费量较为明显。三个地区部门间水资源的流动主要体现在：农业到农业、农业到轻工业、农业到消费性服务业、采掘业到采掘业，以及电力、热力和水供给部门到电力、热力和水供给部门。对于能源的流动，北京的结构更为分散均匀，天津和河北的电力、热力和水供给部门在整个网络中的驱动效应较大。整体来看，三个地区能源的流动主要体现在电力、热力和水供给部门到各个工业部门、资源加工产业到资源加工产业，以及采掘业到采掘业。总的来说，电力、热力和水供给部门是驱动水能流动的关键部门,其次,有采掘业和资源加工产业等。虽然农业引起了大量的水资源流动,但是农业在能源流动中的驱动效应微乎其微,说明难以通过该部门实现水能消耗的同时降低。

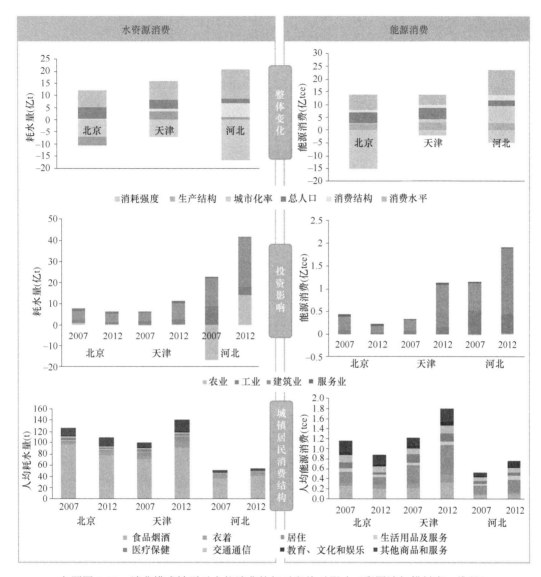

专题图 3-28　消费模式转型对水能消费的相对和绝对影响(彩图请扫描封底二维码)

2. 不恰当的产业协作发展导致生态环境不断恶化

当前,对于环境资源的价值,社会各界人士,尤其是企业界人士,尚未有充分深刻的认识。表现在具体的实践中,就是哪里污染了治理哪里,甚至采取外迁或转移污染源的方式来达到某一目的,从而引发一系列新的生态环境问题。其实,重污染企业的外迁或转移,并非必然会为外迁或转移之地提供较好的发展机会,有时反而会在一定程度上打乱其发展计划,乃至阻碍其经济发展;另一方面,伴随着重污染企业的迁移,污染源也不断随之扩散,直接导致跨区域污染。生态环境具有系统性、无界限等特点,京津地

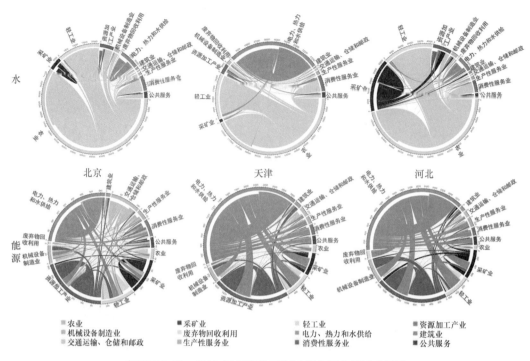

专题图 3-29　2012 年京津冀三地区行业间水能流动网络

区虽然将污染源转移到周边的中小城市，但其仍然不能全部摆脱环境污染的影响。例如，近年来的雾霾天气，虽然起因是河北重工业较多、污染排放较为严重等生态缺点，但其所造成的生态问题并非仅仅影响河北地区，京津等地虽然甩了重污染企业的包袱，也无一幸免。

（五）京津冀城乡生态环境协同治理仍需进一步统筹

1. 京津冀三地农村生态保护意识不统一

在中国城乡二元化的治理体制下，城市的发展往往优先于农村的发展，表现在生态环境保护方面就是城市环境质量的重要性要远高于农村地区环境质量的重要性。虽然各个省份普遍重视农村生态环境保护，但总体来说，这些省份中城市的环境质量往往比较好。而反观农村依然存在着土壤过度利用，地下水资源遭到污染，河流富营养化等环境问题。北京和天津由于在农村空间的绝对数量上要少于河北，经济发展水平优于河北，产业结构比较合理等因素在农村环境治理上自由度比较大，农村生态环境保护的意识相对较强，因此北京和天津在对本市农村生态环境保护上所下的力度比较大。河北作为资源开发大省，第二产业在国民经济中的比重偏大，产业结构单一，钢铁、煤炭等高耗能产业一直对国内生产总值有很大贡献，第三产业发展不充分，绿色环保经济的发展理念仍然没有完全得到落实。而且河北是全国的产粮大省，对土地的依赖性很强，这就导致土地的过分利用。为了解决城市环境污染问题，省内很多两高企业都进行了外迁，这些企业所在地或在农村，或离农村较近，这就造成了污染源的迫近，加重了农村地区的污染。因此，由于经济发展、产业结构、历史遗留等方面的影响，河北在农村生态环保意识上不如京津地区强。

2. 京津冀三地农村生态保护立法不统一

农村地区的生态环保立法是保障和治理农村地区生态环境的先决条件。京津冀三地作为三个独立的立法主体，在各自行政管辖范围内都有地方立法权力，这就可能出现不同省市在对农村环保立法时各自为战，关注的焦点主要在自己行政区域内。就环保全国统一立法而言，我们有《中华人民共和国环境保护法》等上位法，三地也存在针对环保法的具体实施细则和意见，同时针对不同的污染，各地也广泛存在各种污染治理条例，但是对于因污染源不同而设定的具体制度存在差异。比如，北京比较重要的空气污染源是汽车的尾气排放，而河北空气污染源主要是各种工业排放，这就造成北京的汽车尾气排放标准与河北的汽车尾气排放标准不一致，就工业污染源的排放标准也存在的一定的差异。究其根本就是不同省份由于大气污染源的来源不同，所以其严格程度有异。污染源的不同是产业结构不同的重要表现，因此在分隔发展而没有产业协调发展的前提下，这种立法差异很难在短时间之内消除。在省级立法层面尚且存在差异，在地市一级也存在立法的不同。例如，河北省内有的城市具有独立的地方立法权力，如唐山市、石家庄市等，这些地市的农村环保立法与京津仍然存在着较大的差异。

3. 京津冀三地生态保护执法不统一

农村生态环保执法是否能做到执法必严、违法必究是实现农村生态环境保护的关键因素。京津冀三地农村生态环保执法不统一，集中体现于跨行政区域执法。各个省市都有自己的环保执法主体，按现行的环保执法属地管理原则，这些执法主体只能在自己管辖的区域内进行执法，但是农村环境污染的特点之一就是污染分散性。另外，污染可能从一个点扩大到一个面，随着自然气候的变化会出现污染源扩散的局面。例如，河北农村进行秸秆焚烧，可能就会直接污染北京的空气质量；北京大量机动车的尾气排放可能随风向的不同影响天津的空气。即使在污染源得到确认的情况下，各个省市的执法主体也只能把情况反映给污染源的产生地区，不能按照本省市的污染处理程序进行处理，结果就是自己受到了污染却不能处理。又由于各地的立法存在不同，在处罚力度上也有差异，在执法效果上不能进行有效的监控。

三、城乡生态环境保护挑战

（一）京津冀生态环境协同治理要求解决城乡发展差距问题

京津两地人民的生活一直处于较高水平，2014 年，北京全体居民可支配收入为44 488.6 元，天津为 28 832.3 元，均高于全国 20 167.1 元的平均水平，河北为 16 647.4元，不足天津的 58%，仅为北京的 37%。新型城镇化是要推进农业转移人口市民化，统筹城乡发展，所以在关注城镇居民的同时更要关注农村居民水平的同步提升。2014 年，京津冀三地的农村居民可支配收入分别为 18 867.3 元、17 014.2 元、10 186.1 元，河北仍低于 10 488.9 元的全国水平。河北在城镇、农村居民可支配收入方面与北京、天津相比，明显不足。在京津冀协同发展下，此处选取两指标，将京津冀视为整体，与长、珠三角的进行对比分析，评价三区域的人民生活水平。从人均可支配收入来看，2014年三区域均高于全国水平，但京津冀在三者当中水平最低，为长三角的74.3%，与珠三角的差距较小，为其92.4%。京津冀区域水平低，很大程度上缘于其人口结构和产业结构，河北、天津长期以第二产业为主，而且河北地区有大量的农村人口，收入水平低，影响到区域的整体发展。从城乡统筹角度来看，比较三地的城乡居民人均收入比，长三角比值最小，说明其在城乡统筹方面发展的最好，城乡一体化协调度最高。京津冀区域城镇居民年人均收入也不高，农村居民的又大大低于其他两区域，二者之比高于全国水平，在很大程度上表明京津冀城乡协调的发展水平还很低，在城乡统筹方面仍旧面临着艰巨的任务。相较于长三角、珠三角两区域，京津冀区域出现了其特有的"环首都贫困带"，指的是沿北京北、西、南三个方向"C"形环状分布的承德、张家口、保定三市的大部分区域。这一地区大多处于燕山、太行山、恒山地区，自然条件恶劣，干旱缺水，灾害频发。而且由于特定的历史渊源，该地区多属革命老区，开放程度较低，干部、群众普遍思想保守，缺乏市场意识、开放意识；再加上脱贫成本高、扶持力度不够、历史欠账过多，该地区的各项基础设施、社会事业建设严重滞后，部分老百姓的生活状态仍旧极端贫困。另一方面，由于地处京津附近，人才、资金等要素的外流也十分严重，土地撂荒问题日益突出，技术支持、人力储备十分缺乏。除此以外，这些地区肩负着为首都提供清洁水源和生态屏障的重任，同时还要配合官厅水库、京津风沙源治理等工程的建设开展，存在一定因素的"政策致贫"。

区域生态保护与扶贫开发的矛盾仍然共存。环京津贫困带共包括32个贫困县，3798个贫困村，273万贫困人口；总面积8.3万、集中连片。1994年国家实施"八七"扶贫攻坚计划以来，河北环首都贫困带已经有了将近100万人口成功脱贫。然而，基本的温饱问题解决以后，人口返贫率较高，特别是因灾、病、学等情况返贫现象仍有发生。资料显示，2009年河北靠近京津24个贫困县的农民人均收入、人均地方生产总值、县均财政收入仅是京津远郊区县的1/3、1/4和1/10。京津西部、北部山区为了改善整个区域的生态环境，一直采取了限制工业等产业发展等生态涵养措施，同时生态转移支付力度又相对不足，这与当地希望改善贫困人口生活水平、促进地区发展存在矛盾关系。

（二）搬迁关停和守住底线的思路难以解决问题

当前京津冀生态生态环境问题的解决策略集中在两个方面。一方面，搬迁再分配，包括重污染企业的搬迁或关停，也包括资源再分配，如统一管理水资源确定各省市用水指标，研究京津支援河北重点城市的合作机制等。另一方面，守住底线类，包括区域大气污染联防联控的工作机制，区域生态屏障建设，各类红线、底线、上线等，几乎都是非发展式、被动式的策略。

这两类思路都有一定的问题，关停污染企业常造成经济和就业上突然的空白，已然形成矛盾，也容易反弹，容易使得百姓生活负担加重。

通过对京津冀所处海河流域政策措施仿真发现：在加强了环境政策强制程度的情况下，流域整体环境风险还是可以降低的，但是流域整体环境风险最低的情况并不是政策强制程度最强的情况，反而是采取的政策强度弱的情况。这就说明：①在流域内城市没有形成管理协同时，强硬的政策会起到令行禁止的作用，自顶向下形成强有力的约束机制，达到降低环境风险的效果；②但是过度的约束会产生对约束机制的依赖，以及限制了城市进行污染治理的自发性；③自上而下的管理措施推行之后，要逐步进行生态教育，在各个城市形成统一发展思路后，强制性政策可以择机退出。

因此，国家及地方环境保护部门在制定相关环境保护政策时，要统筹兼顾、全面考虑，根据国家的生态环境现状以及各地生态环境保护的实际情况制定相应的政策，不能因为环境质量差而制定严苛的环境管理制度，这样反而会适得其反。虽然强制性的政策会在一定时间、一定程度上会对环境的改善起到一定的作用，但从长远来看，一旦对相关政策产生过度的依赖，就不利于提高城市自发进行环境管理的积极性，也就不能从根源上改善流域的生态环境。

（三）村庄采暖和村镇产业严重污染环境，治理难度大

冀中南地区内的山前城镇带，是人口最为密集的地区。这一地区受太行山自然地理条件的影响，污染扩散条件很差。春夏的东南季风带着污染物止步于太行山前，污染物在大气中盘旋沉降；秋冬的西北季风又受到山脉的阻隔，无法带走大气中的污染。因此这一地区极其容易形成严重的雾霾天气。

星罗棋布的村镇工业大多缺乏环保设施，为了降低生产成本，它们采用高污染能源进行生产。传统的皮革、纺织印染、五金加工等产业对大气和水体皆有严重污染。村庄人口密集，冬季采暖需求旺盛。在缺乏监管与补贴的情况下，居民尽可能压低采暖成本，普遍采用燃烧劣质煤、木柴、秸秆甚至废旧轮胎等进行取暖，造成很大的空气污染。据国家环保部统计，在 2014 年全国空气质量相对较差的城市中，冀中南占据 6 个，这里已成为全国空气质量最差的地区。

（四）当前京津冀城乡一体化模式仍存在问题

1. 在合作方式上，表现为重短期项目的合作、轻长效性举措

目前的合作主要以生态林建设等工程项目、推动节水农业种植等投资建设及对农户经济补贴的方式为主，而在劳务合作、人才教育合作等形式多样的长效合作方式方面很不足。虽然短效合作项目取得了一定的效益，但面临着一旦停止投资和经济补偿，生态合作取得的成果就很难持续的风险。

针对京津冀区域大气污染问题，2013 年启动京津冀大气污染防治协作机制，2014年不断得到推进，目前初步形成大气污染联防联控机制，为进一步健全完善京津冀生态环境协同保护长效机制打开了突破口，奠定了一体化合作的制度保障基础。但是，目前的区域生态环境协同保护进展大多数还只属于应对大气污染而采取的应急防控措施，如果与严厉的"停工停产"所成就的"阅兵蓝"相比较，基本说明是治标不治本的措施，并且对整个区域的生态环境保护措施不够。例如，2014 年针对水环境污染问题，京津冀签署《京津冀水污染突发事件联防联控机制合作协议》，并确定 2015 年为机制建立的开

局之年。2015 年年底出台的《京津冀协同发展生态环境保护规划》，包括大气污染、水污染、土壤污染问题及生态功能区的确定等问题，开始体现多层面的生态环境协同保护。

2. 在合作环节上，表现为重建设轻管护、合作认同感不高

在目前的合作中，合作方只注重建设阶段的合作，而忽视了后期的管护工作，如植树造林的投入标准相对较高，而森林管护的投入标准很低；同时缺乏工程效果的监测和评价机制，成为制约建设成果效益长久发挥的主要因素。

3. 在合作层级上，表现为合作层级较低、缺乏顶层设计

尽管目前由京津冀三省市签署了合作协议，明确了生态合作的主要内容，但这种合作仍限于地方政府双方之间的合作，缺乏国家层面的统筹指导，协调力度较小，协调手段较为单一，无法真正实现区域性协同发展。

4. 在合作领域上，表现为合作领域较少、合作区域不平衡

就北京而言，目前合作的领域主要集中在林业、水资源两个领域；合作的区域主要集中在张承两北部地区，西部、西南部虽有森林保护方面的合作，但力度较小，而南部地区的廊坊、保定及天津的合作相对较弱。

四、城乡生态环境保护与一体化策略

当前京津冀生态环境协同治理实践取得阶段性成果，大气污染防治协作机制不断深化，推动环保统一规划、统一标准，实现空气重污染应急联动，形成和强化行之有效的体制机制是城乡一体化生态环境协同治理的关键。

（一）城乡生态环境保护策略

1. 完善体制机制是推进京津冀农村环境保护工作的关键，要着力强化两个维度的合力

在推进京津冀农村环境保护工作中，不管是纵向的各个层级之间还是横向的部门之间，界限、责任如何划分，相关法律中并没有明确。农业部在建设美丽乡村，环保部在推进农村环境治理，从不同的领域在推进农村环境保护工作。

此外，还有体制机制不健全的问题。组织领导机制、责任落实机制、工作协调机制、运行保障机制、监督考核机制不够健全。要加强组织领导，落实党政领导的责任，党政同责，一岗双责；要建立目标责任制，明确各个部门在推进农村环境整治中的职责；须建立跨部门协调机制，加强部门协作，明确部门职责；要加大资金投入，建立运营维护的长效机制，建立村庄保洁制度；建立常态化监管机制。

调研发现，农村基层党组织对农村环境保护影响较大的村庄，其村容村貌、整体环境保护水平都好于其他村庄。如江苏省黄龙岘村，在基层党组织带领下，建立了环境友好的"村规民约"，坚持村集体"一事一议"和村务信息公开，全体党员每天定时义务拾捡垃圾，起到良好表率作用。要积极发挥基层党组织在农村环境治理中的作用。

2. 实行因地制宜是提高京津冀城乡环境治理效率的基础，推行差异化的适宜技术

在调研中，有一些地方在地顶层设计环节，与需求之间存在较大的脱节。一是需求脱节，比如干旱地区的农村，上了大量设施后，却没有发挥应有的作用；二是模式脱节，部分村庄照搬"村收集、镇运转、县处理"模式，导致农村生活垃圾处置运维成本非常高，影响了项目实施的可持续性；三是跟规划脱节，因为农村事情确实非常复杂，跟城市的污染治理不同，有些地方在推进的过程中，未考虑城镇化进程、撤乡并镇等因素，造成实际发挥的环境效益有限。

京津冀邻近城镇地区的村庄设施配套较好，边远地区设施配套严重不足，主要是因为配套设施一次性投资及后期运营维护费用都较大，全部由政府注资建设运营效率不高，效果也不好，从这点看以"共建共享"的理念引入相关自维持技术并推广应用是具备生态环境改善的可行性和必要性的，并且在后期运营管理上应该注意对民间资本的引入。

在处理技术方面，部分地区在过于追求技术"高大上"。因为农村污水治理没有排放标准，很多地方基本上都是在按照城市污水治理的要求，要求达到一级A标准，甚至地表IV类，导致成本非常高。全靠政府投入去运行，往往造成财政支出难以承受。有的地方大力推进集中处理设施建设，没有因地制宜地采取集中处理和分散处理相结合的技术模式。

以农村污水处理工艺为例。在农村地区，污水量比雨水量小很多，且雨水常采用明渠或盖板暗渠排除，如采用合流制，污水在沟渠内没有流速，雨水沟渠成了停留时间很长的沉淀池，沉下的污泥厌氧发臭。当雨水沟渠建设标准较低时，还将导致污水下渗。另外，农村地区污水收集应采用小口径收集系统。现在建设的一些农村污水收集管网仍采用城市排水设计规范，管径过大、坡度过小，使污水管道变成了沉淀池。小口径收集系统是一套技术体系，既有措施防止堵塞，又使管径大大降低，在保证收集功能前提下节约了投资。

农村污水处理工艺选择应遵循三个基本原则。

第一个原则是选择抗冲击负荷能力强的工艺。自然村的日污水量通常在 100 m³ 以下，这么少的水量主要分布在早、中、晚三个高峰时段产生，日变化系数高达 5~10。污水量季节变化也很明显，冬季污水量远低于夏季，随着污水量变化，污水浓度变化也很大。水量水质大幅度变化的特点，决定了农村污水治理应首先选择生物膜法等固着类生物处理工艺，不宜采用活性污泥法等悬浮类工艺。对于活性污泥系统，污水量太小会由于过曝气导致污泥解体，污水量太大则会直接导致污泥冲刷，两种情况都将造成系统崩溃。如果采用大调节池匀和水量水质，则必需设置机械搅拌防止悬浮物沉积，建设及运行费用都将大大增加。

第二个原则是选择运行维护简单的工艺。运行维护简单可定义为"免操作、低维护"，所谓"免操作"就是不需要设专人经常进行工艺检测或调节，为农村处理站配备足量懂工艺的专业人员，即使在发达地区，目前也不存在普遍可行性，可以设专人定期巡视但无法经常性操作。生物膜法可以实现免操作，传统活性污泥系统则需要经常性基于污泥

性能及时调节曝气量、回流比和排泥量等工况参数。日本把生物膜法叫"设施依赖型"工艺，意思是该工艺主要依赖设施运行，把活性污泥法叫"运行依赖型"工艺，意思是该工艺对运行要求较高。所谓"低维护"就是维护量少且维护难度低，如果工艺中采用了鼓风曝气，维护难度就必然加大。曝气头堵塞了，曝气效率降低，充氧量降低，就必须清洗或清理。曝气头破损了，则必须停产更换。无论是清洗还是更换，都是一件很麻烦的事情，都不属于低维护工艺。生物膜法可以"抗冲击、免操作"，可否不设鼓风曝气，进一步满足"低维护"要求呢？事实上，传统的生物滴滤池、生物塔滤池及生物转盘就是这类工艺，西方国家目前仍有一大批小型污水处理设施采用这些工艺。应该关注的是，这类非鼓风曝气的传统生物膜工艺出水水质较差，技术上存在通过结构优化提升水质的潜力。尚川（北京）水务有限公司（简称尚川水务）对传统生物滴滤池的优化，桑德环境资源股份有限公司（简称桑德环境）对传统生物转盘的优化，都大大提升了水质，取得了较好的效果。

第三个原则是选择能耗低的工艺。农村污水处理设施规模小，单位能耗必然高，如果再采用高能耗工艺，数量庞大的农村污水处理设施将造成大量能源消耗。对污水处理能耗影响最大的是曝气环节，城市污水处理普遍采用鼓风曝气，单位电耗在 $0.2\sim0.3$ kW·h/m^3，如果农村污水处理也采用鼓风曝气，单位电耗将高达 $1.0\sim1.5$ kW·h/m^3，未来总电耗也将远高于城市污水处理，这种情景显然不具现实可行性。农村污水处理采用鼓风曝气，为什么单位电耗就大大升高？这是由于农村污水处理规模小，曝气池很浅，曝气效率很低，满足同样供氧量需要更多的曝气量，而城市污水处理曝气池水深可达 6 m 以上，曝气效率很高。另外，规模很小的农村污水处理设施只能采用机械效率很低的容积式气泵，而城市污水处理通常采用机械效率很高的单级高速离心式鼓风机。发达国家城近郊区的分散污水治理领域，日本以户为单位的原位治理几乎都采用鼓风曝气净化槽，能耗很高，成为一个负担；美国原位治理则普遍采用 OWTS（onsite wastewater treatment system）系统（化粪池串联土壤渗滤），能耗很低；日美分散领域的集中处理设施数量总体不多，美国 10 000 座，日本 3600 座，虽以鼓风曝气为主，但总体能耗可承受，而中国农村污水集中处理设施全部建成后将多达 200 万座，如采用以鼓风曝气为主的高能耗工艺，电耗将成为一个难以克服的巨大负担。基于以上关于能耗的分析，采用自然曝气的低能耗工艺在中国农村污水处理领域似乎更具优势。

科学制定排放标准，有利于合理选择工艺。排放标准中的水质指标可主要分成三类：耗氧类指标、无机营养指标和卫生学指标。耗氧物质指标包括 COD 或 BOD 等有机污染指标和氨氮，这些指标运行上可不依赖水质监测，即使要求严格，标准可达性也很强，且过运行不存在负效应，为追求高标准而采取的过度曝气对环境无害。无机营养指标和卫生学指标运行上依赖水质监测，而农村污水处理不可能具备日常水质监测条件，加之运行上的"免操作"，即使设计了针对这些指标的功能单元，实际可达性也很差。另外，化学除磷和消毒等单元的过运行存在负效应，除磷药剂和消毒药剂的过量投加对环境有害。基于上述分析，农村污水处理排放标准应主要针对耗氧物质，重点治理卫生和黑臭问题。事实上，西方国家的分散污水治理，一般不要求脱氮除磷，明确要求消毒的也不多见。

生态处理通常包括人工湿地和生物塘。目前，业内对生态处理存在误区，认为生态处理投资低、运行管理简单、处理效果好，给生态处理赋予了过多的功能，把一个深度处理单元当成了全流程工艺，直接处理原污水。以人工湿地为例，投资低其实是由于人为提高了水力负荷和污染物负荷，国内一些技术规范或手册提出的设计负荷比国外规范高出数倍甚至十倍，占地小了，投资低了，效果也变差了，运行时间不长即被严重堵塞。如果要保证处理效果，根据降解机理客观确定设计负荷，则占地很大，绝大部分村庄无法满足。另外，人工湿地运行管理并不简单，除了定期更换滤料，它对配水均匀还有严格要求。总之，在土地资源丰富的地区，生态处理可作为生物处理之后的深度处理单元，进一步降低氮磷等无机营养指标，不能作为全流程工艺，更不是农村污水处理的主流技术。

在农村污水处理实践中，存在无动力、微动力、一体化、设备化、模块化、智能化、地埋式等技术表述。实际上，这些说法不是工艺，也不是技术，是对工艺或技术实现方式的表述，部分表述虽然具有合理性，但需要基于具体项目的技术经济评价。譬如，为什么非得采用地埋式？日本的净化槽属于地埋式、设备化，但只是用在单户，户用设施叫"槽"，居住区集中处理设施叫"站"，日本分散治理建成的数千座污水处理站没有一座是一体化地埋式，为什么？因为不方便维护管理。为什么要一体化？为什么要设备化？为什么要模块化？这些方式，都需要针对具体项目，站在日后运行维护方便的角度慎重评估，不能只是考虑建设期施工难度等因素。

针对上述问题，减量化、资源化利用是未来农村环境治理技术的发展方向。针对农村环境治理中的运行维护难点，一些资源化、减量化的技术能够形成新的收益渠道，还能够降低能耗、物耗。应进一步加大在生活垃圾、生活污水、污泥、畜禽养殖污染物、农作物秸秆、废矿渣等不同领域的减量化、资源化利用技术研发力度。

此外，因地制宜是提高环境治理效率的基础。要充分考虑当地的人口流动情况、经济发展水平、地形地貌、村庄分布特征等，综合考虑污水治理适合采用集中式的还是分散格式。比如对于城市周边，城中村离县城比较近，完全可以实现跟县城或者城市污水治理设施的同建共享，这就需要去完善管网；对于人口比较密集、经济相对发达的村庄，就可以考虑集中化的处置模式；对于一些人口比较分散、经济不够发达、相对干旱的地区，可能要考虑一些分散式的技术，甚至通过无动力、微动力的模式降低成本，项目才能够持续地运行。

3. 制定符合我国国情的地方农村生活污水处理排放标准

目前在中国农村地区中，污水的污染来源对于如何解决农村整体环境问题极为重要，不管是农村污水标准的建立还是处理方式的选择，都是农村水环境治理和生态修复的重要组成部分，也严重影响着新农村和美丽乡村的建设。

在中国，农村污水治理标准的实际影响因素很多。首先，中国的城乡排水水质差异很大。其次，城市的污水排放规律性很强，而在农村，由于用水量不稳定、地区差异性大，所以排放系数也不一样。再次，城乡对污水的排放方式也有所不同，城市里面基本排放到下水道，而农村的方式则很多，比如厨房泔水用于饲养、生活污水直接泼洒等。最后，城乡污水收集系统亦存在很大差异，城市里面基本通过纳管、管网来集中收集和处理，而农村不确定性太强，收集的方式差别很大，如果管径太小，流速过慢，容易堵塞；如果管径太大，就容易成为沉淀池。所以在整个农村收集系统中，不能照搬城市的收集方式，这就需要根据各地实际情况制定标准。例如，一些农村地区可以实现资源化利用，一些直接排放到河里面等。

目前各地制定的农村生活污水排放标准或者设施污染物排放标准还不够健全，同时农村地区的社会经济条件和环境条件也会对其造成一定影响。但制定符合各地方实情的农村生活污水标准，势在必行。在中国，一定要建立专门用于农村的污水排放标准，同时这个标准不应该是全国统一的，应根据各地的实际情况进行分类考虑，才能够更加具有现实可行性。所以，未来中国各地区的农村污水和分散型污水处理标准将存在很大差异。

此外，对于各地指定地方标准来说，有两点非常重要，第一，是中央的指导，目前虽然没有全国农村污水排放的统一标准，但是应该有一个指导性的意见，不能任由地方将标准制定得过宽或者过严，要具备可操作性。第二，要考虑根据敏感水体来制定相应的水质标准。例如，在一些敏感水体的地方，BOD 作为一种生物可以利用的东西，可以作为参考指标。

4. 基于综合性和实用性，选择合理的农村水环境治理模式

农村污水治理标准化体系的构建是当前中国打好环境污染攻坚战的一个主要内容，建立针对农村污水排放的标准是基础，不仅仅要建立技术标准体系、考虑排水水质，还要针对项目设计、建设、运维和监管等四方面进行统筹考虑，才能保证污水能够达标排放。

农村水环境仅仅考虑水也是不行的，垃圾、卫生也是影响水环境的重要因素，农村水环境治理是一个综合性和系统性的工程，就水谈水没有解决的出路，必须讲究它的综合性和实用性。例如，污水和垃圾必须同时治理；畜禽养殖和农业面源污染应该综合控制；水源与供水水质应该协同改善；标准和管控应该因地制宜。

因此在未来，关注的事情不能仅仅是处理、处置，应该是污染控制和资源化并举，要从综合治理角度考虑农村水环境，包括所涉及的垃圾、卫生、畜禽养殖、农业、面源等，这才是治理农村水环境的综合性思路。水、土、气、固体废弃物应该协同治理，其涉及的排放、中间处置、转化、各种来源也应该多过程和多来源循环调控。最后，技术、工程、政策、管理等多措施协力见效也是必不可少的。如果做不好以上工作，农村水环境不会有综合性的改善。

基于此，农村水环境综合整治必须要有一个合理的治理模式，在模式选择当中有三点非常重要，分别是技术和工程模式、运行管理模式及市场与产业模式。

（1）技术和工程模式

技术和工程中最重要的就是技术的实用性和工艺流程的简易性。农村水环境整治要做到因地制宜、经济实用，在农村一定要强调回用优先。如果农村的污水能自用而不排掉，这就是最好的处置方式，没必要把其中的氮、磷处理到某个标准，能循环到土地里进行氮和磷就地综合利用就是一种最佳方法。

专题图 3-30 为山东曲阜一个农村污水处理站点，其采取 AO 污水处理工艺，并实现基本无动力。目前山东多个地区都在做这样的尝试，如果项目未来运行稳定，便可实现

农业废物综合利用，达到一定规模后也可降低成本。所以在农村，一个可持续的污水和垃圾处理模式，应该是适应变化的，适应国家和地方新农村建设、城镇化土地利用和建设模式的。

专题图 3-30　山东曲阜 AO 污水湿地处理与回用项目

（2）运行管理模式

农村水环境治理的运行管理应该符合三方面：目标合理、智慧高效及收益稳定的政策保障。

目标合理是指流域或者区域的环境保护目标应该互相适应，同时标准必须可调，要具备经济和技术可行性。我国的排放限制准则与标准应以技术为依据，根据不同行业的工艺技术、污染物产生水平、处理技术等确定各污染物排放限值。目前，中国农村水环境和污水排放标准基本都是依据城市的排放标准来制定的，但农村的情况和城市完全不一样，农村水环境标准必须具有可持续性，要考虑它的生态安全及强调风险预警和在风险预警的前提下的制度化管理，必须考虑受纳水体生态承载力所适应的模式选择，如果用城市的思维来制定农村水环境的标准是不可取的。

智慧化不是数字化，而是智能化。人工智能是未来十年发展的一个重要领域，如何将其真正引入农村水环境治理，构建村镇供水排水、垃圾固废、厕所、养殖等排放源及处理全系统的数字化管理平台，形成一体化管控与运行维护的智慧网络体系，也是未来市场和技术的一个重要选择。

对于农村水环境治理政策，首先要制定专业化的运营管理，美国的单户管理就是一个教训，中国农村也不应采用这种方式，一户户的管理会给未来管理造成很大麻烦，不能持续利用，应当有专业化的运行机构进行运营。其次，同时要有第三方监督，有科学的指标和奖励考核机制。最后，政策的制定一定要稳定、多赢，政府不能光考虑自己，要在实现政府业绩的同时，也能让企业盈利，这才是稳定多赢的政策激励机制。

（3）市场与产业模式

未来十年一定是数量竞争向质量竞争转变，工程竞争向技术竞争转变，项目竞争向服务竞争转变。对于想做好农村环保市场的企业们来说，一定要同时具备智慧和能力，同时，企业还应具有创新路径，对市场有准确的把控，找到自己的核心技术，农村水环境治理的核心技术和城市环境治理的核心技术或者其他行业的核心技术是不同的，应该有技术产品化、装备化的转化能力，在未来，产品化、装备化、设备化、系统化是农村水环境治理的一个重要方向，也是能企业展现自己在核心技术工艺市场当中有竞争力的关键一点。

就未来农村水环境治理产业发展情况来看，产业技术创新重点有四项：一是废物的就地资源化；二是农村水环境治理人工智能技术；三是设备化、系统化、标准化；四是全系统的一体化管理与服务平台。总而言之，未来的市场竞争就是技术和服务，而且技术和服务一定是相辅相成的。技术是支撑，只有拥有不断进步的关键技术和提升的产品，才能在这个市场当中赢得地位。服务是核心，拥有现代化服务意识、服务能力、服务体系及服务质量的企业才能主导市场。

5. 加强模式创新，健全投资回报机制是实现农村环境治理可持续的关键

目前，市场机制不健全，农村生活污水垃圾处理收费机制未建立，大部分地区尚未开展收费工作；农村环境治理项目成本高，风险大，社会资本参与积极性不高。亟须探索建立农村环境治理缴费制度与费用分摊机制。在有条件的地区探索建立污水垃圾处理农户缴费制度，综合考虑污染防治形势、经济社会承受能力、农村居民意愿等因素，合理确定缴费水平和标准，建立财政补贴与农户缴费合理分摊机制，保障运营单位获得合理收益。如在大荔县平罗村按照 120 元/年/户的标准征收生活垃圾收运费。

此外，产业融合也是有效拓宽农村环境治理市场的重要举措。例如，在南京市黄龙岘村，将有收益的特色茶产业旅游与无收益的农村环境综合整治项目进行捆绑，实现了环保公益项目市场化的目标。这种资源组合开发模式有利于实现城市开发或者资源开发与环境治理的有机融合。

在模式方面，已有充分的可探索空间。通过一些区域捆绑、项目捆绑，通过环保互联网+，PPP+第三方治理等方式实现规模化的经营，降低单位污染治理的成本，最终目的是能够降低财政支付的压力。只有通过这种方式，农村环境治理工作才能得到持续的发展。桑德环卫与广告捆绑就是典型的模式创新案例，通过广告来获得收益。同时，将资源回收跟农村现代物流业务捆绑，在包装物回收等过程中与快递结合起来，这样成本就会大大降低。

6. 加强政策的协调与落地

目前来看，资金投入不足是制约现在农村环境保护工作的重要因素。资金来源渠道单一，以中央和地方政府投入为主，资金缺口较大。

农村污水治理设施需要统一规划、统一建设，但管理模式尚存在不同看法，一个流行的观点是专业化统一管理，也就是在一定区域内由专业化公司负责全部设施的运营管理。这种模式可以保证较高的管理质量，但只要细究，200 多万个高度分散的污水收集

处理系统，要实现专业化管理，将需要非常庞大的专业力量，可行性值得评估。美国的分散污水治理，也是只有在水源地等敏感地区才要求专业化公司统一管理。未来较为现实的主流模式可能是基于行政层级集中与分散相结合的管理模式。"村巡视"，村设专职或兼职的管理员，负责定期检查巡视，及时发现问题；"镇维护"，镇成立规模适当的检修维护队伍，解决各村上报的问题；"县监督"，县设置专门监督管理机构，提出运行质量标准及目标，通过定期与随机抽查，不断提高运行管理水平。少数经济发达的地区，可以委托专业公司实现专业化管理，绝大部分地区，"村巡视、镇维护、县监督"有可能是值得探索的管理模式。

应进一步强化现有政策落实和协调衔接，从基本公共服务均等化的视角审视农村环境治理问题，加大专项转移支付补助力度。如参照扶贫资金管理模式，整合相关涉农资金，增强资金合力。提出可进一步明晰中央政府和地方各级政府在农村环境保护中的事权和支出责任，加大投资补助力度；财政资金优先支持创新试点示范项目，明确专项资金用于运行补助；采用地方政府投一点、村集体出一点、农民拿一点的筹资方式等，探索加大资金投入，优化财政资金使用方式。

完善价格与税费政策也是改进方向之一。在价格方面，可考虑农村用电价格的调整，如将有机肥生产、污水垃圾处置、废旧地膜回收利用、秸秆初加工等用电价格标准由"一般工商业及其他用电"调整为"农业生产用电"，这样能够一定程度降低成本。此外，可考虑研究出台农村垃圾和农业废弃物运输扶持优惠政策，把有机肥运输纳入《实行铁路优惠运价的农用化肥品种目录》。

在项目建设以外，农村环境监管能力建设需求同样迫切。目前，监管机制不健全，表现在机构和人员缺乏、监管执法能力不足、监测体系不健全、专业技术水平不够。应进一步强化基层环境监管执法力量，鼓励公众参与，实现农村环境监管的常态化。

（二）城乡一体化措施

1. 利用差异化策略来带动京津冀城乡一体化发展

（1）针对燕太山区，增大集中移民，建设特色美丽山村。结合生态移民、危房改造、空心村整治等先进理念，燕太山区贫困地区应推动山区人口向交通、水源和用地条件好的县城迁移。深度发掘太行山区丰富的历史文化资源，并加以创新性利用，如开发文化旅游产品、做强特色林果业、发展山村采摘旅游等。完善市政交通设施，利用丰富的交通资源，使冀中南地区直通京津旅游市场，大力发展特色村庄消费经济。

（2）针对黑龙港地区，加强特色产业扶持，保障精准扶贫。以黑龙港地区的农业为基础，延伸相关副产品产业链，发展特色农业，以促进农民增收。在冀中南村镇地区发展中，应突出劳动力优势，适度发展劳动密集型产业，尽量增加农民的工资性收入。政府层面应加强土地流转管控，推进规模化经营，提高企业的劳动生产效率，促进互联网平台深入农村经济发展之中。

2. 四类生态环境策略帮助缩小区域差距，利用差异化策略来带动农民扶贫增收

考虑到不均衡的空间发展与不良的环境状况存在相关，生态环境议题同样被用于促

进地域的凝聚，主要思路是帮助缩小区域差距。随着京津冀对"差距"认识的转变，从关注资源的人均数量（总量、经济和社会凝聚为主）开始加入关注资源的分配情况（地域凝聚），来开展生态环境保护。基于京津冀当前生态环境实际情况，可提出以下四类生态环境策略（专题表 3-5）。

专题表 3-5　四类生态环境策略

	策略	原理
1	环境状况的改善	直接缩小环境差距
2	环境改善带来的第二自然要素的提升	直接缩小经济差距
3	绿色基础设施提供额外效益	更高性价比的开发模式
4	环境政策整合统一目标	降低政策带来的内耗

应当注意的是，一是缩小差距不是指把现有状态平均化；二是设立各类标准（如年均 $PM_{2.5}$ 浓度上限、森林覆盖率、到 2020 年的碳减排比例等量化指标，也包括政策整合情况等定性考量），帮助不够标准的区域达标。

目前，京津冀区域在生态环境的主要策略包括环保督查、污染企业关停搬迁等，跨界合作则关注联防联控，都属于被动式的防控招。第一，可参考欧盟实践，为生态环境议题的操作思路提供主动和多样的方式；第二，环境政策能促进生产活动的改善，是能带来经济收益的；第三，"绿色基础设施"带来更多效益的思路，在我国已有类似实践，只是还需要更多试验和推广；第四，在各部门都在积极推进区域协同的时候，可以考察一下其他政策与环境改善之间的耦合关系。

以黑龙港地区的邢台威县为例，该县长期为国家贫困县。近年来，在国家贫困县县级改革综合试点的推动下，有"冀南棉海"之称的威县土布纺织创意产业，逐渐探索出一条独特的发展之路，数万名纺织农户，累计创造出价值亿元规模的产业。从该产业的发展经验中可看出，针对冀中南地区不同乡镇的不同特色产业，若将文化创意设计融入当地特色产品之中，实行标准化生产、质量控制把关；将农户与产业园区空间相结合；利用文化价值拓宽产业链条，则是改善贫困县境遇的一条可行之路。也能进而从根本上解决该地在城镇化发展方面所出现的问题。

3. 加快京津冀经济发展模式转型，加强基层产业引导及环境治理，大力推动可持续发展和绿色能源经济

在生态文明建设上升为国家执政理念及京津冀一体化作为国家发展战略的当下，要走出传统的发展模式，由粗放型向集约型转变，积极实施供给侧结构改革，努力完成"三去一降一补"的具体任务。河北省正在加大力度进行钢铁、煤炭等两高产能的压缩与置换，这些都是经济发展模式转变的积极作法，通过产能限制和两高产业的外迁，实现生态环境在"十三五"期间有较大的改观。在农村地区，在继续坚持联产承包责任制的基础上，实现集体土地所有权、土地承包权和经营权相分离，推动农村的小城镇化建设，对符合条件的农村人口集于小城镇中，对于土地可以采取连片种植开发，大力发展土地种植中的机械化作业，充分利用土地和水资源，并加强基本生产资料的保护力度，改变以前分散作业对土地和水资源的无序利用。

充分利用非首都功能疏解的重大机遇，调整重点镇规划布局，提升基础设施和公共服务水平，提高小城镇承载力。引导符合首都城市战略定位的功能性项目、特色文化活动、品牌企业落户小城镇，打造功能性特色小城镇。平原地区的乡镇，位于京津冀协同发展的"中部核心功能区"，将承接中心城和新城疏解的生产性服务业、医疗、教育等产业项目，打造一批大学镇、总部镇、高端产业镇，带动本地农民就地就近实现城镇化。西北部山区的乡镇，位于京津冀协同发展的"西北部生态涵养区"，将重点发挥生态保障、水源涵养、旅游休闲、绿色产品供给等功能，打造一批各具特色的健康养老镇、休闲度假镇，带动农民增收。指导和支持重点小城镇加快淘汰低端产业，建立"承接目标对象清单"，积极对接从核心区疏解、符合首都城市战略定位需要的产业或其他符合小城镇功能定位的项目。以下放事权、扩大财权、改革人事权及强化用地指标保障等为重点，开展镇区人口 10 万以上的特大镇功能设置试点。

引导平原地区村庄土地流转，推进农业产业化和农业现代化，提高土地产出效率。加强村庄小散企业治理，坚决关停"双高"低端小散企业。在京津冀的县域经济发展中，部分乡镇具有相当的产业活力。应当认识到，乡镇经济的发展虽缺乏规范性，环境污染问题突出，但在解决区域农民就业、提高农村生活水平、避免域外流动经济带来的社会负面效应等方面，也具有一定正面的意义。引领消费，用服务带动经济，努力构建功能互补的新型城乡关系。乡村地区将是文化、价值回归的重要载体，具备与城市共同构建特色功能体系的能力，具体包括依托乡村地区的特色文化体验、特色金融服务、休闲消费等空间功能。推进小城镇能源结构转型，促进清洁能源发展。县域政府应推进"煤改气"工程，落实集中供暖，补贴公交等举措，提升该区域小城镇的公共基础设施水平。此外，相关机构可适度补贴农村取暖，加强太阳能、生物质能等清洁能源设施建设。

4. 未来的城镇化建设须引导人口向，加大京津冀财政、金融等政策支持力度

县城及重点村镇聚集，引导产业向园区适度集聚冀中南县域地区在未来的城镇化建设中，应谨遵《河北省新型城镇化与城乡统筹示范区建设规划（2016—2020 年）》中提出的"三集中"原则，即"人口向县城、村镇集中、工业向园区集中、农村土地向农业产业园和集体经营集中"。（1）引导人口向县城、重点镇适度集中。冀中南地区应引导村镇产业逐步向县级产业园区集中，集约使用土地。从产业介入和政策引导两方面入手，打破行政层级的管理模式，对自发形成的工业产业加以疏导和管理；加大县城、重点镇公共服务设施投入，增强人口吸引力。（2）加强县域产业联动京津，承接京津两地科技成果投产转化，促进传统产业升级提质。冀中南地区宜充分调动各方面推进协同发展的积极性，防止扩大发展差距，着力提升村镇产业的科技含量，有效提升区域综合竞争力。对于已经形成特色产业集聚，若具有未来发展机会的区域，应予以土地及资金支持。建议依托现有产业集聚设置微型园区试点，探索利益共享、责任共担的发展体制；建立专业化产业集群以北京、天津两市创新资源的对接，促进资源整合和产业技术升级。

在实施稳健财政政策的同时，加强对农村生态环境建设的专项财政资金的支持，采取财政补贴或财政贴息等方式鼓励农村地区的生态环境保护的基础设施建设。政府可以成立专门的环境保护投资公司，通过发行企业债等方式募集资金，投入到农村环境保护建设中，也可以成立生态环境保护担保类公司，为个人、企业在进行农村环保

科技开发中提供支持。省内各银行对于涉农环境问题的相关贷款开通绿色审批通道。对于符合上市条件的公司可以加大支持力度，促使他们尽快上市，在资本市场筹措资金，进行环保研发，政府也可以通过发行政府专项债或绿色债券来为农村地区的环保建设提供金融支持。

5. 加大宣传力度，使农村环保意识深入民心

人的生存，一刻也离不开环境。所以，环境保护是公众自身的事业，需要公众广泛的参与，还需要各方面的相互配合，靠少数地区、少数部门和少数人是做不好的。因此，农村必须开展多种形式的宣传工作，唤醒公众的环境保护意识，立足于广大公众的参与，充分发挥公众的积极性、主动性和创造性，努力营造一个人人关心生态环境、时时注意环境保护的社会氛围，提高农民的环保意识。要在广大农村干部中树立"要金山银山，也要绿水青山"的科学发展观，将环境保护摆在促进发展的重要位置。使公众成为中国环境保护的主力军，环境保护工作才能走上可持续发展之路。但是，目前公众对环境保护参与意识与环境保护工作的要求还远不适应，应当积极宣传公众参与环境保护的重要性和必要性，并大力营造公众参与环境保护的社会氛围和舆论环境，不断增强公众的参与意识和责任意识，使积极参与环境保护成为公众的自觉行动，环境保护工作才能取得令人满意的效果。

在实现河北省"京津冀生态环境支撑区"这一功能定位中，必须大力提升农村环境保护意识。河北省广大农村在国土面积、人口占比、资源禀赋等方面在三地都占有重要比重。要努力打破城乡二元的环境治理体制，彻底放弃先污染后治理的传统观念，把农村环境治理上升到省内环境治理的突出位置，把广大农村地区的生态环境保护与河北转型发展和京津冀一体化协同发展紧密联系起来，不管在政府层面还是在农民主体层面都牢固树立环保意识。通过各个层面的环保宣传，大体提倡环境友好的社会建设方针，切实让农村生态环境保的理念深深植根于群众心中。

主要参考文献

北京市统计局, 国家统计局北京调查总队. 2007—2016. 北京市国民经济和社会发展统计公报

北京市统计局, 国家统计局北京调查总队. 2007—2016. 北京统计年鉴. 北京: 中国统计出版社

陈虎. 2018. 分析生态管理视角下流域水环境功能规划. 水利科学与寒区工程, 1(7): 56-58

程晓舫. 2016. 改善水生态环境, 构建科学的水生态文明体系. 中国发展, 16(6): 88-89

方美清. 2018. 水生态文明视角下的盐城市水环境及其景观设计综合评价. 环境与发展, 30(11): 183-184

国家统计局, 环境保护部. 2011—2016. 中国环境统计年鉴. 北京: 中国统计出版社

国家统计局. 2010—2016. 中国统计年鉴. 北京: 中国统计出版社

河北省统计局, 国家统计局河北调查总队. 2007—2016. 河北省国民经济和社会发展统计公报

刘娜. 2016. 典型 PPCPs 繁殖毒性效应与水生态风险评价. 北京: 中国地质大学博士学位论文

刘廷良, 孙宗光, 孟凡生, 等. 2018-11-15. 构建国家水环境监测智能化管理综合平台. 中国环境报, 第 8 版

落志筠. 2018. 生态流量的法律确认及其法律保障思路. 中国人口•资源与环境, 28(11): 102-111

孟伟, 张远, 王西琴, 等. 2008. 流域水质目标管理技术研究: Ⅴ. 水污染防治的环境经济政策. 环境科学研究, 21 (4): 1-9

倪元锦, 张华迎, 齐雷杰. 2017. 京津冀生态一体化加快推. 人民日报海外版. http://finance.people.com.cn/n1/2017/1012/c1004-29582068.html[2018-4-5]

钱永涛. 2013. 京津冀需重点治理农村散烧煤. 中国环境报, (2): 1-2

钱正英, 张光斗. 2001. 中国可持续发展水资源战略研究综合报告及各专题报告. 北京: 中国水利水电出版社

曲久辉. 2018. 农村水环境综合治理的标准与模式. 中国水工业网.http://www.shuigongye.com/News/201812/2018122110131300001.html[2018-4-5]

荣楠, 单保庆, 林超, 等. 2016. 海河流域河流氮污染特征及其演变趋势. 环境科学学报, 36 (2): 420-427

尚中琳, 黄国峰. 2016. 科学构建水生态体系, 建设水生态文明试点城市. 水利发展研究, 16(6): 33-35, 50

天津市统计局, 国家统计局天津调查总队. 2007—2016. 天津市国民经济和社会发展统计公报

天津市统计局, 国家统计局天津调查总队. 2007—2016. 天津统计年鉴. 天津: 中国统计出版社

汪党献, 王浩, 马静. 2000. 中国区域发展的水资源支撑能力. 水利学报, 11 (11): 21-26, 33

王浩, 王建华. 2012. 中国水资源与可持续发展. 中国科学院院刊, 27 (3): 352-358, 331

王维, 江源, 张林波, 等. 2010. 基于生态承载力的成都产业空间布局研究. 环境科学研究, 23 (3): 333-339

邬娜, 傅泽强, 谢园园, 等. 2015. 基于生态承载力的产业布局优化研究进展述评. 生态经济, 31(5): 21-25

肖建红, 施国庆, 毛春梅, 等. 2008. 河流生态系统服务功能经济价值评价. 水利经济, (1): 9-11

杨安琪, 谭杪萌. 2017. 京津冀协同发展下的冀中南县域城镇化特点初探. 小城镇建设, (1): 14-22

杨晶晶, 孙宏亮. 2017. 京津冀农村地区生态环境问题及治理对策// 中国环境科学年会. 2017 中国环境科学学会学术年会论文集(第三卷). 厦门: 中国环境科学学会: 3974-3982

杨学聪. 2018. 京津冀交通一体化、生态环境保护、产业升级转移等重点领域率先突破. 中国经济网-经济日报. http://www.ce.cn/xwzx/gnsz/gdxw/201801/03/t20180103_27530472.shtml[2018-4-5]

佚名. 《重点流域水污染防治规划(2016—2020 年)》印发. 环境监控与预警, 2017, 9(6): 70

佚名. 2018. 海河流域水环境监测中心. 海河水利, (5): 71

中华人民共和国国家统计局. 2007—2016. 国家数据. 北京: 中国统计出版社

中华人民共和国住房和城乡建设部. 2007—2016. 中国城乡建设统计年鉴. 北京: 中国统计出版社

朱党生, 工晓红, 张建永. 2015. 水生态系统保护与修复的方向和措施. 中国水利, (22): 9-13

祝尔娟, 何晶彦. 2016. 京津冀协同发展指数研究. 河北大学学报(哲学社会科学版). 41(3): 49-59

邹何卿, 杨骏. 2017. 河道治理与水环境保护. 内蒙古水利, (10): 59-60